SHODENSHA
SHINSHO

グス粒子の謎

仁

祥伝社新書

はじめに

私は子供のころから天文が好きでした。小中学生のころはボイジャー1、2号、パイオニア11号などによる太陽系探査が花盛りだったこともあって、天体観測は惑星が主な対象で、父に買ってもらった10センチメートルの反射望遠鏡をいろいろ改造して楽しんでいました。

大学生になって、バイトをしてお財布が潤《うるお》うと、人間というのは衝動買いをしてしまうものです。明るく広い視野が売りの「イプシロン」という、その道では垂涎《すいぜん》の的《まと》の反射望遠鏡を買い、それで銀河を中心に写真を撮っていました。

当時は、まだフィルムカメラですから（専門的な話ですが、入ってきた光をどれだけとらえるかを表わす量子効率が現在デジタルカメラで使われているCCDの10分の1以下で数%しかありません）、1時間以上も露出をしなければならない、そんな時代です。

一晩、銀河を眺めながら写真を撮っていると、まず10億～100億光年という途方もないスケールに圧倒されてしまいます。どうしてこんなものが何もないところから生まれたのだろうか？　そう考えると本当に不思議です。

また、銀河にもいろいろな形があります。望遠鏡がなくても家のコンピューターで「ハッブル望遠鏡、銀河、遠方銀河」などと検索してみれば、わくわくするような綺麗で、多彩な銀河や銀河団の写真が出てきます。

銀河に限らず、地球上を見ても私たち人間だけでなく、実に多様な生命に充《み》ちています。この宇宙の多様性の源《みなもと》や、宇宙誕生の源が、この本の主人公「ヒッグス粒子」や「真空」です。

「ヒッグス粒子」は、物質の最小単位である素粒子と呼ばれる物質のひとつで、これまでその存在は理論的にはあるとされていましたが、現実に確認はできていませんでした。このヒッグス粒子が「ほぼ発見された」ことが、２０１２年7月4日に発表されました。テレビや新聞などでも大きく取り上げられたので、ご覧になった方もいらっしゃると思います。

この理論を発表したイギリスの物理学者ピーター・ヒッグスが会見で、「私が生きていうちに見つかるとは思わなかった」と言うくらい、世界の素粒子研究者が40年以上の長きにわたって探していた「謎に満ちた素粒子」なのです。

この言葉が物語るように、この粒子を発見するために人類の技術と英知をあつめて実験が続けられてきました。それがスイスのＣＥＲＮ（セルン・欧州合同原子核研究機構）で行なわれている、ＬＨＣという山手線ほどもある大型加速器を使い、誕生直後の宇宙を再現するという大がかりな実験です。私もたまたまそこに参加できる幸運に恵まれました。「見つかった」時の喜びは言葉に表現できないものでした。

この巨大な実験ＬＨＣの全貌《ぜんぼう》と、ヒッグス粒子の謎に少しでも迫ろうする研究を、少しでも多くの方にわかってもらう目的で、本書を準備しました。２０１２年３月31日に東京大学の安田講堂で行なった一般向け講演をベースにしてあります。

ヒッグス粒子を含む素粒子物理学の世界は、目に見えない世界です。そのため、それらは私たちの実感とかけ離れた非常に不思議な性質を持っており、本当に理解しようとするとなかなか難しい部分もあります。けれども、だからといってそれらの成果を専門家だけのものにしておくのでは、もったいないと思います。

本書では、素粒子物理学の標準理論などについての難しい話はできるだけ抑えて、ヒッグス粒子の役割や、その発見がもたらす新しい世界を描いてみました。

時には「科学の本?」と思うような説教じみた雑談も混ざっていますが、外国に住んで日本を見ていると日本のことが本当に気になります。そんな老婆心ですので読み流しつつ、物理学の最先端でどのようなことが起こっているのかの一端を、一人でも多くの方に知っていただければと思っています。

2012年8月

浅井《あさい》 祥仁《しょうじ》

目次

第1章　「重さ」はヒッグス粒子から生まれた
——物質の最小単位・素粒子の世界

第2章　ヒッグス粒子の発見
——世界最大の加速器　LHC実験

第3章　真空は「空《から》っぽ」ではない

――忙しく働いているヒッグス場の役割

第4章 「粒《つぶ》」の科学から「容《い》れ物《もの》」の科学へ
――素粒子物理学の未来

本文図版　㈲J-ART

序章

「神の素粒子」ヒッグス粒子とは

宇宙誕生の謎に迫る方法

私たち物理学者だけでなく、多くの人が、この宇宙がどのようにして誕生したのかという疑問を持ったことがあるでしょう。小学生の娘と一緒にアニメ「ドラえもん」を見ていて、いつも思うのは「タイムマシンがあったらいろいろな問題が一気に解決するのになあ」ということです。

「過去に遡《さかのぼ》る」ことができるのは、なにもタイムマシンだけではありません。私たちが、宇宙の進化のプロセスを理解するために使っているのが望遠鏡です。望遠鏡は遠くを見るためのものですが、時間を遡ることもできるのです。

どういうことでしょうか？ 見える、ということは、光源から出た光が私たちの目に届くことです。この光にも速度があります。つまり、その光源の距離が遠ければ遠いほど到達までに時間がかかる、逆に言えば、過去の出来事が見えていることになるのです。地球から1光年の星を見ている時、その姿は1年前のものです。

ですから、より昔のことを知るためには、性能のいい望遠鏡を作って、遠くの銀河や星のことを丹念に調べるわけです。最近、宇宙の誕生から10億年ぐらい経った銀河

図1　誕生から38万年後の宇宙の姿

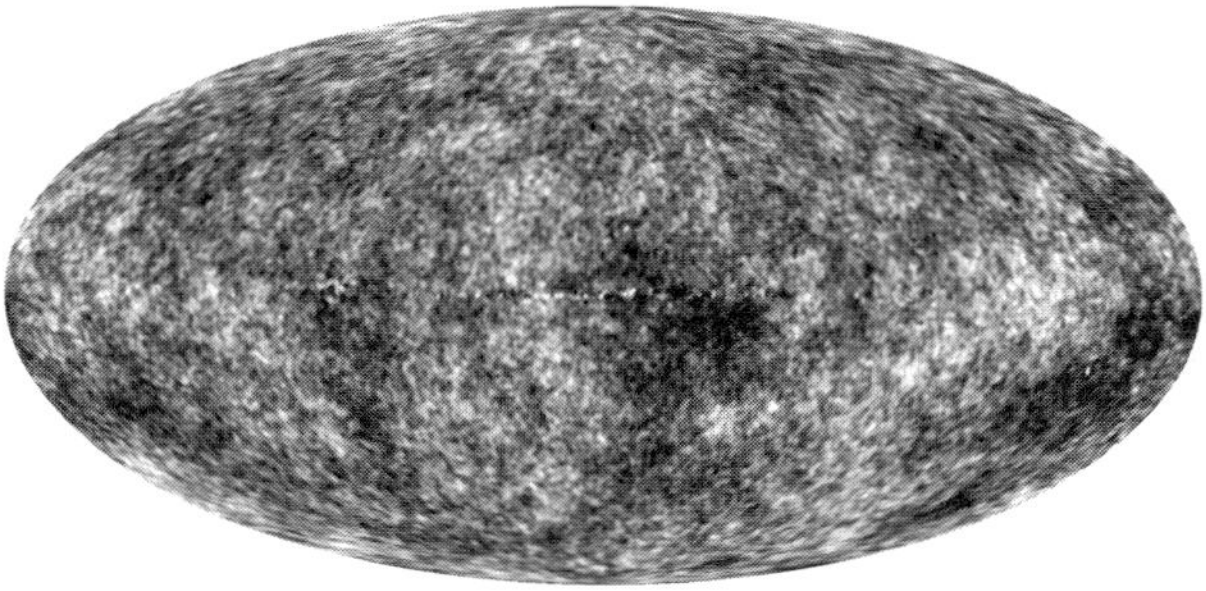

2001年に打ち上げられたWMAP衛星が観測したもの
NASA/WMAP Science Team

団が発見されました。一番古い銀河は、宇宙誕生から2～4億年ぐらいですので、そこから銀河が集まって銀河団が形成されていくのにかかる時間のスケールがわかります。

誕生から38万年経った時の宇宙の姿を撮ったスナップ写真が図1です。NASA（アメリカ航空宇宙局）のWMAP（ダブリュ－マップ）衛星が撮影したものです。白っぽい色ほど高温を示しており、この部分がどんどん成長していって、銀河や銀河団になったと考えられています。

実際に遠くの銀河を見るということは、古い銀河を見ることと同じなので、その意味で、望遠鏡で調べることはタイムマシンに乗るのと同じことなのです。

では、宇宙誕生の頃まで遡れるかというと、それはできません。望遠鏡の性能を上げれば、宇宙誕生のプロセスが解明できるのではないかと思われるかもしれませんが、実はここに大きな壁があるのです。

宇宙誕生から38万年後の時点より前は非常に不透明で、光が届きません。磨《す》りガラス越しに遠くを見ようとしても見えないのと同じで、よく見えないのです。

加速器とは何か

それ以前の宇宙をどうやって調べるか。

そこで登場するのが、「加速器」というものです。加速器とは、文字どおり陽子や電子といった粒子を加速させることのできる装置です。その加速器を使って光速近くまで加速した陽子や電子をぶつけて、高いエネルギー（温度）状態を発生させ、擬似《ぎじ》的に宇宙誕生に近い状況を再現することができます。そこで起こる現象を観測することで、宇宙の歴史や物理法則を研究しているわけです。

図2　世界最大の加速器LHC

円が地下にあるLHCの大きさを表わす。

写真提供 CERNアトラス実験グループ

私が関わっているCERN（セルン、欧州合同原子核研究機関）は欧州20カ国が中心となって運営されている多国籍の研究所で、LHC（大型陽子衝突型加速器・図2）を使って実験を続けています。

これは、地下100メートル、円周27キロの、東京のJR山手線一周ほどもある世界最大の加速器で、だいたい宇宙誕生後10のマイナス12乗秒から10のマイナス10乗秒あたりの現象を創り出しています。

ちなみに、この「10のマイナスx乗」という言い方に慣れない方もいらっしゃるかもしれませんが、「1を10で何回割るか」と同じ意味と考えてください。つまり10のマイナス2乗は、0・01です。

宇宙は誕生してから137億年が経ったと考えられていますが、実際に宇宙の進化のプロセス、宇宙の歴史をまとめたのが図3です。

宇宙が誕生する前には、宇宙の「種《たね》」がたくさんできていたと考えられます。10のマイナス30乗メートルといった「プランクスケール」と呼ばれるような極微の宇宙がいっぱいできては消え、できては消えていて、まだ時空もありません。

ある時に「インフレーション」と呼ばれる現象が起こって、それら宇宙の「種」のひとつが加速的（指数関数的）に膨張し、10メートルぐらいの大きさになりました。

なぜインフレーションが起こったかというと、真空のエネルギーがゼロではなく、少しだけ高い状態にあったからと考えられています。今回の話題とは違うヒッグス粒子ですが、同じように真空に潜《ひそ》んでいる粒子のエネルギーが基となって膨張したのです。まだその正体が明らかになっていない「ダークエネルギー」と呼ばれるものも同じで、宇宙誕生後70億年ぐらいから、なぜか加速膨張しています。

ちなみに、ビッグバンの後にインフレーションが起きたと書かれた本がありますす

図３　宇宙の歴史

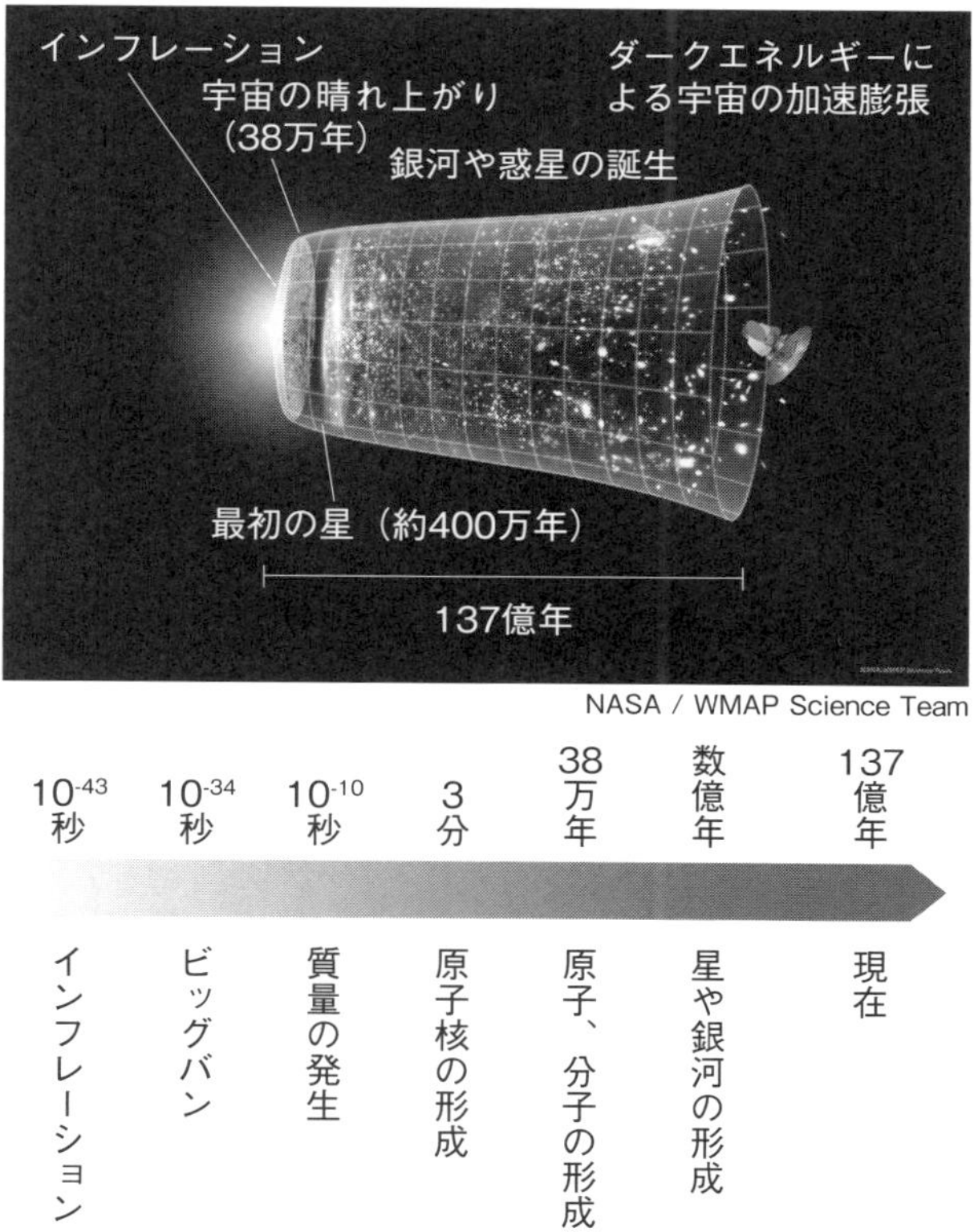

NASA / WMAP Science Team

が、これは勘違いで、起きる順番が逆です。

インフレーション後の宇宙は、10メートルぐらいの大きさで、高いエネルギーの状態にありました。しかし、いつまでも高エネルギーの状態にあるのは不自然ですから、水が低きに流れるように、エネルギーが低い自然な状態に戻るわけです。その時に、私たちが「潜熱《せんねつ》」と呼ぶエネルギーがバンと放出された。これが、ビッグバンです。このように真空が持つエネルギーが、インフレーションやビッグバンの基になっている。つまり、ヒッグス粒子の研究は宇宙の解明につながるのです。

そして、宇宙誕生から10のマイナス10乗秒後の時点で、非常に大きな変化が起きて質量が生まれ、私たちが生きている多彩な宇宙ができたというふうに考えられています。この「質量が生まれた」過程を検証するのが、私自身が携《たずさ》わっているLHCの実験なのです。

LHCは実際には、10のマイナス12乗秒後ぐらいに相当するエネルギーの状態を作り出して研究することができます。温度にすると、摂氏1京《けい》度、つまり10の16乗度の世界を再現しています。

物質の最小単位である素粒子の世界

この宇宙の物質を構成しているものをどんどん細かくしていって、これ以上細かく分けることはできない最小単位を、「素粒子」と呼んでいます。

この素粒子は全部で17種類あると考えられており、現在までに16種類が確認されています。ＬＨＣの実験で今、発見が「秒読み」になっているのがその最後のひとつで、この本の主役である「ヒッグス粒子」です（どの時点で「発見」と呼べるかについては、追って詳しく説明します）。

本書では、ヒッグス粒子とは何か、そしてその発見にどのような意義があるのかといったことをお話しいたしますが、序章では、駆け足でそれらを概観していくことにしましょう。

素粒子は大きく分類すると、「クォーク」や「レプトン」などと呼ばれる物質を形作っている粒子と、「重力」「電磁気力」「強い力」「弱い力」という、この世界に存在している4つの力（強い、弱いといっても比較の問題ではなく、それぞれ重力と同じような、ある力につけられた固有の名称です）を伝えている「ゲージ粒子」、それにヒッグス粒子の3つに分けられます（図4）。

これが、素粒子物理学で「標準モデル」と呼ばれる考え方です。この素粒子物理の標準モデルについては後ほど順を追って説明しますので、今は「この宇宙はそうしたものでできている」と思っておいてください。

「神の素粒子」ヒッグス粒子とは何か

なかでも、ヒッグス粒子は他の素粒子と違って、真空状態の宇宙にあまねく存在し、すべての素粒子に作用して質量を与える働きをしていると考えられています。このため、ヒッグス粒子には「神の素粒子」という、ちょっとおどろおどろしい名前が付けられているのです。他の素粒子の性質を決定づける特別な存在といった意味合いを「神の」と表現しているわけですが、実は命名にまつわる、もう少し卑近なエピソードがあります。

アメリカの実験物理学者に、レオン・レーダーマンという人がいます。アメリカのフェルミ国立加速器研究所の元所長で、ミューニュートリノの発見で1988年にノ

図４　素粒子の「標準モデル」

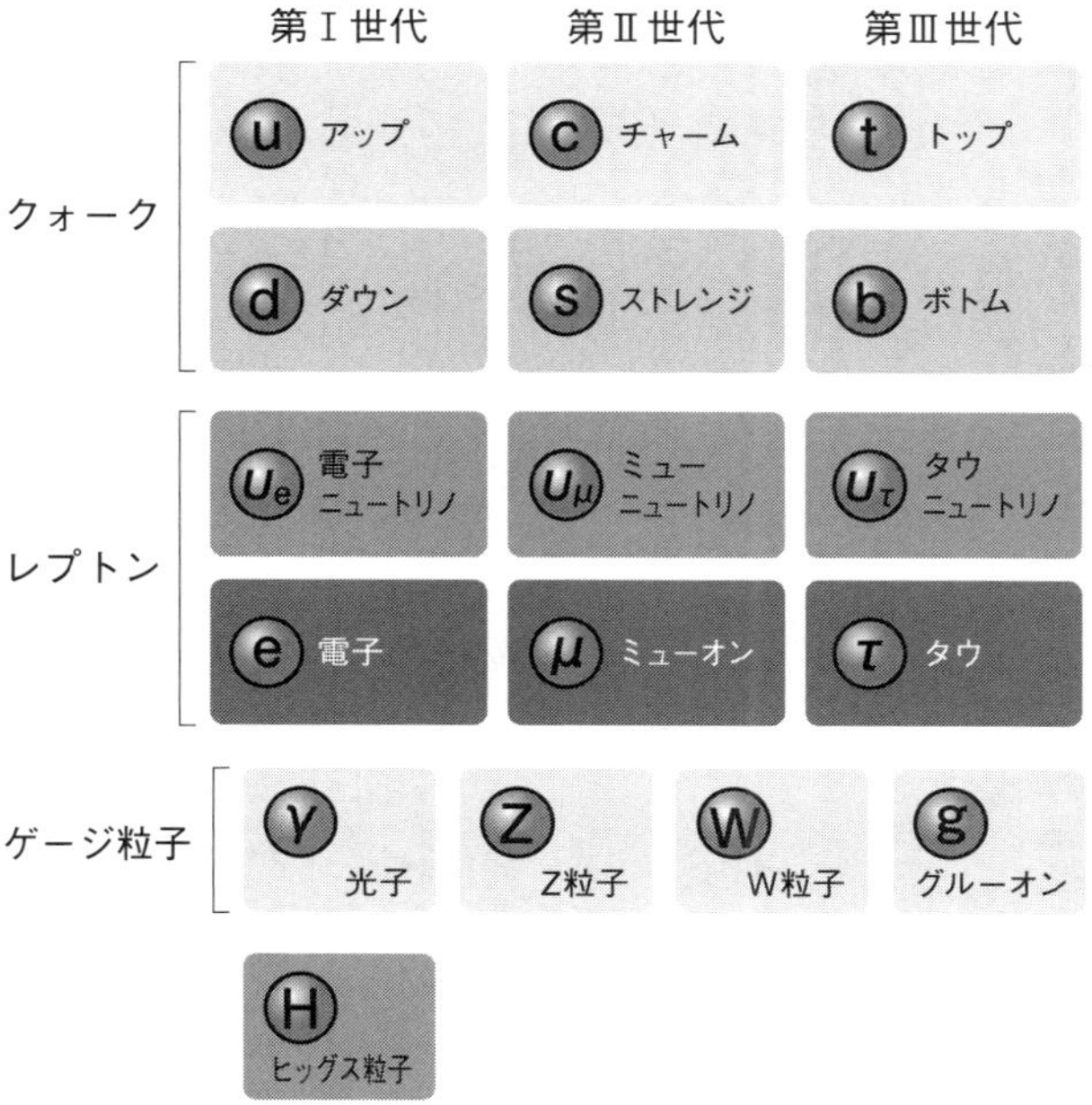

物質の最小単位である素粒子は全部で17種類あり、

① 物質を形作るクォークとレプトン
② 力を加えるゲージ粒子
③ ヒッグス粒子

の3つに分類できる。これを「標準モデル」と言う。

ーベル物理学賞を受賞しています。

レーダーマンが『神がつくった究極の素粒子』という本を出版する際、タイトルとして、なかなか見つからなくていまいましい素粒子という意味で“goddamn”（えぇい、くそっ）という言葉を使おうとしたのですが、編集者に却下されたので、“God”（神）に落ち着いたというのが事の始まりと伝えられています。そもそもはこういうオチャメな理由で付けられた名前だったそうです。

２０１２年7月に、このヒッグス粒子と見られる新たな素粒子の発見が発表され、年内にはヒッグス粒子と同定されるものと見られています。ヒッグス粒子は、イギリス・エディンバラ大学の理論物理学者だったピーター・ヒッグスが１９６４年の論文で予言した素粒子で、３人の物理学者の名前を採って「ブロウト・アングレール・ヒッグス粒子」と呼ばれることもあります。

宇宙の誕生直後は光とその光から生まれた物質からできていました。光には質量がありません。もしそのままだったら、あらゆるもの（素粒子）が光速で飛びつづけることになりますから、質量を持つこともありません。すると、いま私たちがいるような多様な物質が存在する宇宙が生まれることの説明がつかないのです。

しかし、宇宙誕生から１３７億年経った今、大部分の素粒子に質量があることを示しています。質量がないはずの素粒子に質量があるのはなぜか。この不可解な謎を解明する鍵となっているのが、ヒッグス粒子です。

つまり、ヒッグス粒子の研究とは、この世の中になぜ重さというものがあるのかを解明することなのです。

これまでの研究では、宇宙誕生から10のマイナス10乗秒後あたりで、ヒッグス粒子の性質が変わり、質量が生まれたのではないかと考えられています。

クォークやレプトン、それにゲージ粒子は１９８０年代以後、次々に発見されてきましたが、ヒッグス粒子は１９６４年に予言されてから50年近くの長きにわたって、見つけることができませんでした。

ですから、もしヒッグス粒子がＬＨＣの実験で見つかると、50年近い逃亡生活の果てにお尋《たず》ね者が逮捕ということで、指名手配のポスターに「ご協力ありがとうございました」のシールが貼られることになります。

というのも、後に詳しく述べるように、ＬＨＣは皆さんの税金と支援で支えられている実験であるというだけでなく、日本の技術を駆使して成り立っているプロジェクトであるからです。そういう意味で、研究者として実験に携わっている私としてはうれしさと同時に、そうしたさまざまな分野の方へ感謝の気持ちでいっぱいです。

ヒッグス粒子発見の意味

このように、ヒッグス粒子は質量の起源とされているため、その発見は他の素粒子の発見とは異なり、物理学の歴史においてはとてつもなく大きな意味があるのです。

ひとつめは、先ほども述べた「質量の起源」であるということです。

この宇宙がもし光だけでできていたとしたら、質量がないわけですから、本当につまらない宇宙になっていたことでしょう。ヒッグス粒子のおかげで素粒子が質量を持つことによって、あなたがいて私がいる、この多様で豊かな宇宙が創造されていったのです。そのことが、ヒッグス粒子が神の素粒子と呼ばれる所以《ゆえん》でしょう。

ふたつめは、素粒子研究のパラダイムシフトです。素粒子には、物質を形作っているクォークやレプトンなどの素粒子と、力を伝えるゲージ粒子の2種類あると考えられていましたが、実はそれだけではありませんでした。これらの粒子の外側にある、容《い》れ物《もの》である「真空」が非常に重要な役割を果たしていることが新たにわかったということです。

3つめは、新しい物理法則があることの非常に強い示唆《しさ》になっているということです。

今回、発見されるヒッグス粒子の質量は、126GeV（ジェブ／ギガ電子ボルト、ギガ＝10の9乗）付近になると見られています。GeVというエネルギーの単位が質量を示すことを不思議に思うかもしれませんが、これは有名なアインシュタインの特殊相対性理論における$E=mc^2$という式によるものです。Eがエネルギー、mが質量（cは光の速度）ですから、この式はエネルギーと質量が等価であることを示しているのです。

詳しくは後ほど説明しますが、ヒッグス粒子は、理論からすると126GeVなんていう軽い値になるはずがなく、もっと重くなるはずです。

ということは、もし126GeV付近でヒッグス粒子が見つかったとすると、これはヒッグス粒子の質量を安定させるための何か新しいメカニズムがあることの示唆になるわけです。そのメカニズムというのはヒッグス粒子の質量からそんなに離れたところではなくて、比較的に近いところにあると考えられます。

だから、ヒッグス粒子が見つかって素粒子の標準モデルが完成したから、これで素粒子物理学はおしまいですかといったら、そんなことはありません。むしろ、これから新しい世界が始まることの非常に強い示唆になっているのです。

物理学の新たな展開

では、新しい物理法則とは何か。

その非常に強い可能性のひとつが、「超対称性（スーパーシンメトリー）」と呼ばれるものです。

素粒子には物質を形作っているクォークやレプトンなどと、力を伝えているゲージ粒子、そしてヒッグス粒子の3つのグループがありますが、実は性質がまったく違います。素粒子はそれぞれ「スピン」と呼ばれる性質を持っています。スピンについては後で詳しく説明しますので、ここでは不正確ですが、素粒子が固有に持っている自転のような回転量と思ってください。

クォークやレプトンはスピンが2分の1なのに対し、ゲージ粒子はスピン1、ヒッグス粒子はスピンが0です。このスピンの区別をせずにまとめて扱うことができるのが超対称性の考え方で、なぜこんな考え方が必要かというと、素粒子と時空を結び付ける、まったく新しい概念だからです。

素粒子を考えるうえでの代表的な理論は、ハイゼンベルク、シュレディンガーやボーアらによって発展してきた「量子力学」です。一方、時空を考えるための代表的な理論というと、ご存じアインシュタインの「一般相対性理論」です。

量子力学と一般相対性理論は20世紀物理学の二大トップスターですが、このふたつは本当に仲が悪くて、いつまで経っても相性が悪いままになっています。というのも、ふたつをどうやって結び付けていいか、わからないからです。

物理学は、基本的に何かを統一的に説明したいという学問です。地上のものに働く力と天体の間に働く力を「万有引力」として統一的に説明したり、電気と磁気が「電磁気力」としてひとつの理論で説明できるようになったりしたように、量子力学と相対論もくっつけることができないかと考えるわけです。

そして、このふたつを結び付ける新しい架け橋になるのではないかと期待されているのが超対称性の理論であり、その証明は、ヒッグス粒子の発見と並ぶＬＨＣの主要なプロジェクトとなっています。

もうひとつの可能性が、「余剰次元（エクストラ・ディメンション）」です。

私たちは３次元（空間）プラス１次元（時間）の４次元の世界に生きていますが、この理論では、他にも次元がたくさんあるのではないかと考えるのです。

重力は私たちを地面に立たせていますが、実はこの力は非常に弱いものです。こういうと意外かもしれませんが、小さな磁石でもクリップなどが吸い付くことを考えれば、磁力の方がよほど強いことがわかるでしょう。

ではなぜ、重力がこんなに弱いのかを考えていくと、どうしても余剰次元というアイデアに行き着いてしまうのです。

余剰次元はおそらく時空の各点で、非常に小さくまとまっているのではないかと考えられています。どのくらい小さくなっているのかはわかりませんが、10のマイナス18乗から19乗メートルぐらいのスケールである可能性があります。このスケールであれば、ＬＨＣで直接見ることができるエネルギースケールになるわけです。ＬＨＣのように高いエネルギーで陽子と陽子をぶつけると、こういう構造が見えてくる。構造が見えてくると、重力が見えてきます。

２０１３年３月頃には最終報告されるものと見られますが、ヒッグス粒子の発見は新しい物理学の幕開けを告げる画期的な事件として注目を集めているのです。

第1章

「重さ」はヒッグス粒子から生まれた

——物質の最小単位・素粒子の世界

物質はどこまで分解できるか

「神の素粒子」と呼ばれるヒッグス粒子がどういうものか理解するために、少し遠回りですが、物質の構造について、基本的なことから説明していきたいと思います。図5を見てください。

私たちはコップに入れた水を飲みますが、この水というのを化学式で表わすとH_2Oです。つまり、水素原子（H）が2個と酸素原子（O）が1個から成っているわけですが、この原子の大きさがだいたい10のマイナス10乗メートル、1Å（オングストローム）の単位です。

この原子をさらに細かく分解すると、原子核とその周りを回る電子から成っていますが、この原子核のスケールがだいたい10のマイナス15乗メートルの単位です。

ここで知っておいてほしい大事なことがあります。この原子核は原子の中で非常に小さい存在であるということです。野球場を原子だとすると、ちょうどピッチャーマウンドにある1円玉ぐらいの大きさでしかないのです。だから、たとえば金属というと物質がビッシリ詰まっていて硬いという印象を持ちますが、よく見ると中はスカス

図5　物質はどこまで「細かく」できるか？

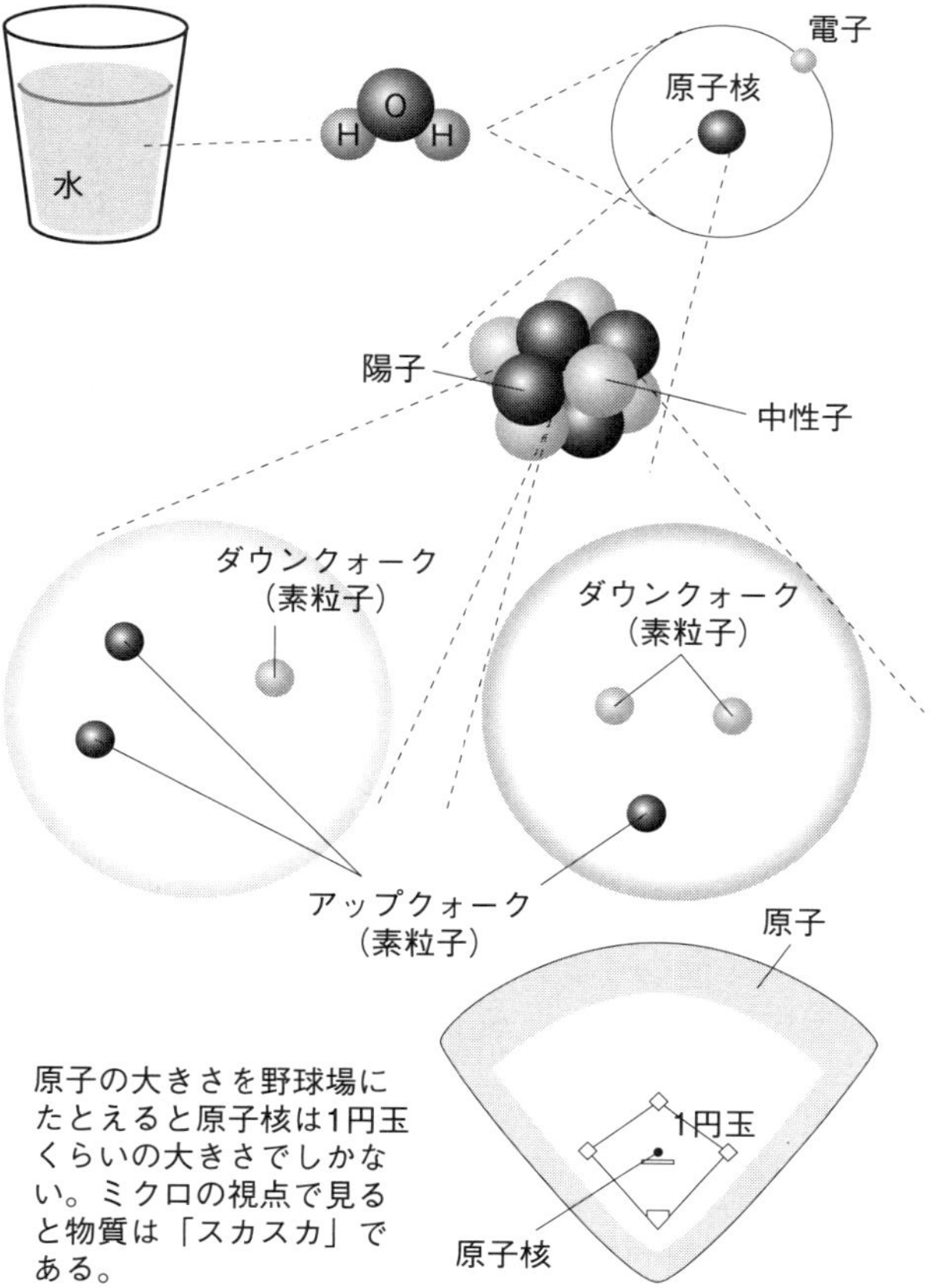

原子の大きさを野球場にたとえると原子核は1円玉くらいの大きさでしかない。ミクロの視点で見ると物質は「スカスカ」である。

カなのです。

原子核をさらに細かく分解すると、核子《かくし》と呼ばれる陽子や中性子があります。陽子や中性子は、20世紀の中頃まではこれらが「素粒子」だと思われていましたが、1960年代に入るとさらに小さな「クォーク」からできていることがわかりました。クォークにはいくつかの種類があり、陽子はアップクォーク2個とダウンクォーク1個から成り、中性子はアップクォーク1個とダウンクォーク2個から成ります。これらクォークが物質の最小単位、素粒子です。

その後、さらにさまざまな素粒子が見つかり、その結果できあがったのが先にも述べた標準モデルなのです。

素粒子には大きさはありません。というのも、大きさがあれば中が見えるわけで、中が見えるということは素粒子ではないという矛盾を引き起こしてしまうからです。だから、素粒子は大きさがないものと定義されていますが、今のところ10のマイナス18乗メートルより小さいということはわかっています。

こうやって、細かく物を見ていこうとすると、顕微鏡などでは間に合いません。な

図6　ミクロの世界を見るには

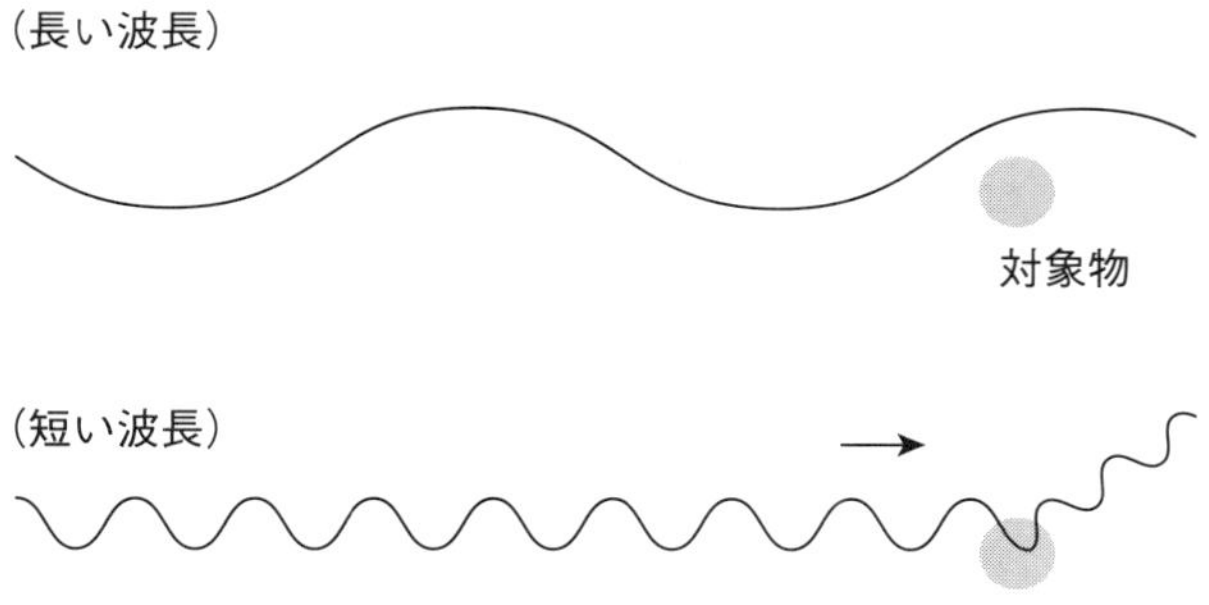

小さな物を見るためには、波長の短い光でないといけない。波長が長いと、上のように対象物をちゃんととらえることができない。

ぜなら、小さい物をきちんと見るためには波長の短い光で見ないと見えないからです。図6のように波長が長い光で探っても、波長より小さい物を飛び越えてしまうので、見ようとしている物があるかないかぐらいしかわかりません。つまり、使う波長によって測定できる物の限界が決まってくるのです。

だから、細かく物を見ていこうとすると、もっと波長の短い光で調べなければなりません。そして、波長の短い光を作り出すために、エネルギーの高い加速器が必要になってきます。

一番よい例がＤＶＤです。普通のＤＶＤ

は、波長が650ナノメートル赤色レーザーを使っていますが、ブルーレイディスクに使用されているレーザーは、波長が405ナノメートルの青い光を使っています。ブルーレイの方が波長が短いため、多くの情報を書き込むことができ、集積度つまり記録容量も約5倍になっています。このように波長の短い光を使うことによって、より細かな構造を探ることができるのです。

量子力学が支配するミクロの世界

波長が短い光で探る小さな世界というのは、「量子力学」が支配する世界です。量子力学を一から説明しようとすると、それだけで一冊の本になってしまいますが、量子力学というのは一言で言えば、電子などのミクロの物質は、小さな粒《つぶ》でもあるし、波でもあると考えることです。つまり、粒子の性質と波の性質の二重性を持っているというのです。

私たちの感覚からすると、素粒子は粒ですが、小さな世界を見ることによって、その一粒の素粒子が同時に波にも見えてくるわけです。これは誰が考えても不思議なことです。

ところで、水面に石を投げ込んだ時を思い浮かべていただければわかるように、波はある一点に存在しているわけではなく、「広がり」という性質を持っています。波は広がりの分だけボヤケる――つまりどこか一点にあると言えないわけですが、素粒子も同じで、その素粒子がある場所に見えたからといって、私たちが見ていない時はどこか別の場所にあるかもしれない、という変なことになっているのです。

これを表現したのが「ハイゼンベルクの不確定性原理」と言われているもので、少し難しいですが、数式で書くと、

$$\Delta P \Delta x > h/2\pi$$

となります。

この式の不等号の左側にあるＰやｘは、測定の誤差だとか、測定によって乱される場だとかいう人間の行為に関係する量で、要は、人間がものを観測しようとすると、必然的に見ようとしているものに対して影響を与えてしまうため、「不確定」であるということです。

ただ、この理解は、不確定性原理のごく一部でしかありません。量子力学で言う「不確定性原理」は、先ほどの「ボヤケ」の方を意味します。だから、人間がいようがいまいが、観測しようがしまいが、そういうことには関係ありません。ミクロの物質がある場所は「ボヤケている」、すなわち一点に定まらず確率によって決まるのです。私たちは量子力学を習う時、このふたつを区別せずに教わっていますが、正確に言えばまったく別のことです。

ハイゼンベルク自身は測定によって生じる量のことを論じていたのです。もうひとつのボヤケについて最初に論じたのはケナードという人です。ですから、この式は正式に言うと、ハイゼンベルクではなく、「ケナードの不等式」と言われるものです。ところが、量子力学が成立していく過程でいつの間にか両者が混ざってしまいました。

2012年に、ハイゼンベルクの式を修正する「小澤《おざわ》の不等式」が実証されたといって大騒ぎになりました。名古屋大学の小澤正直《まさなお》先生が提唱していた不等式ですが、あれは観測上の話であって、ケナードの不等式自体は破れておらず、間違っていませ

図７　波の干渉

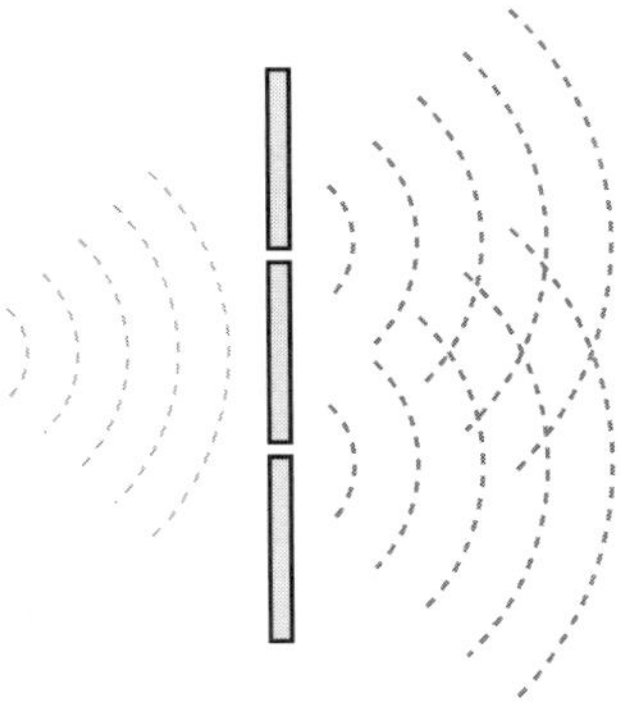

水や光などの波がふたつ重なると、互いに強めあったり弱めあったりして新たな波が生まれる。これを「干渉」という。

ん。

もうひとつの波の性質として、「干渉」があります。図7のような現象ですが、水面の波や光の干渉については、私たちはみんな子どもの時に経験しているので、理解できると思います。光だけでなく電子でも干渉の様子を見ることができます。

その場合、波の波長は運動量の逆数分の1になっています。

λ（波長）＝h（プランク定数）／p（運動量）

運動量というのはエネルギーと考えてよいですから、波長が短いということはエネルギーが高いということを意味します。

つまり、短い波長で物を見ることは高いエネルギーで物を見ることと同じことであるわけです。言い換えれば、小さい物を見ようとすると、高いエネルギーの加速器が必要になってくるのです。

小さな世界を探る——ＬＨＣは大きな顕微鏡

小さな物を見るために、私たちは顕微鏡を使います。普通の顕微鏡は、倍率がせいぜい１０００倍です。可視光を使う光学顕微鏡の場合、可視光の波長が０・１ミクロン、つまり10のマイナス7乗メートルですから、これより細かい物は原理的に観測できません。

次に開発されたのが、電子顕微鏡です。電子の波長が1Å、つまり10のマイナス10乗メートルです。これは電子を使った顕微鏡ですが、なぜ電子を使うとより小さい物が見えるのかというと、先にも述べたとおり、可視光よりもエネルギーが高く、波長が短いからです。

どのくらいのエネルギーかというと、だいたいＫｅＶ（ケブ／キロ電子ボルト）の単位で、可視光のおよそ1000から1万倍です。1万倍のエネルギーの電子を使ったので、結果として波長が1000分の1になりました。倍率が100万倍の電子顕微鏡を使うと、原子が並んでいる様子を見ることができます。

では、もっと小さい物を見るためにどうするかというと、もっとエネルギーを高くすればよいわけです。加速器を使うと、エネルギーとしては電子顕微鏡の10桁ぐらい上まで上げられますから、波長としては10のマイナス19乗メートルぐらいです。これは、原子核の大きさのだいたい1万分の1ぐらいの単位です。

つまり、LHCが巨大な加速器であると言うとピンとこないかもしれませんが、実は非常に大きな顕微鏡なのです。だからこそ、細かい構造が見られるわけです。

最初に加速器が発明されたのは、1930年です。アメリカの物理学者アーネスト・ローレンスが作ったサイクロトロンという加速器です。

現在、CERNに飾ってありますが、直径13センチメートルで、エネルギーは80KeVです。電子顕微鏡のたかだか10倍程度のエネルギーしかありませんでした。それがどんどん性能がよくなり、大型化するのにしたがって、より小さい世界を見ることができるようになり、何が素粒子かということも変わってきました。

加速器ができる前は、空から降ってくる宇宙線の観測結果をもとに、陽子と中性子と電子と光が素粒子（すなわち物質の最小単位）だと考えられていました。

第二次世界大戦が終わり、１９５０年代に入って、ＧｅＶ（ギガ電子ボルト）単位のエネルギーを作ることができる加速器が実用化されるようになりました。これによって、無数の新しい粒子が見つかり、アメリカの理論物理学者マレー・ゲルマンによってクォークモデルが提唱され、素粒子の標準モデルの基礎が１９６０年代に示されました。

その後、加速器のエネルギーが数十ＧｅＶになり、１９７０年代になってクォークモデルが確立していきます。１９８０年代から９０年代にかけて、加速器のエネルギーが数百ＧｅＶの単位になって、今度はゲージ粒子の研究が可能になり、素粒子の標準モデルが確立してきたのです。

つまり、加速器という顕微鏡のサイズが大きくなるにつれて、より小さな構造が見えるようになり、何が素粒子かということもどんどん変わってきたのがこの半世紀の

図８　加速器のエネルギーの上昇

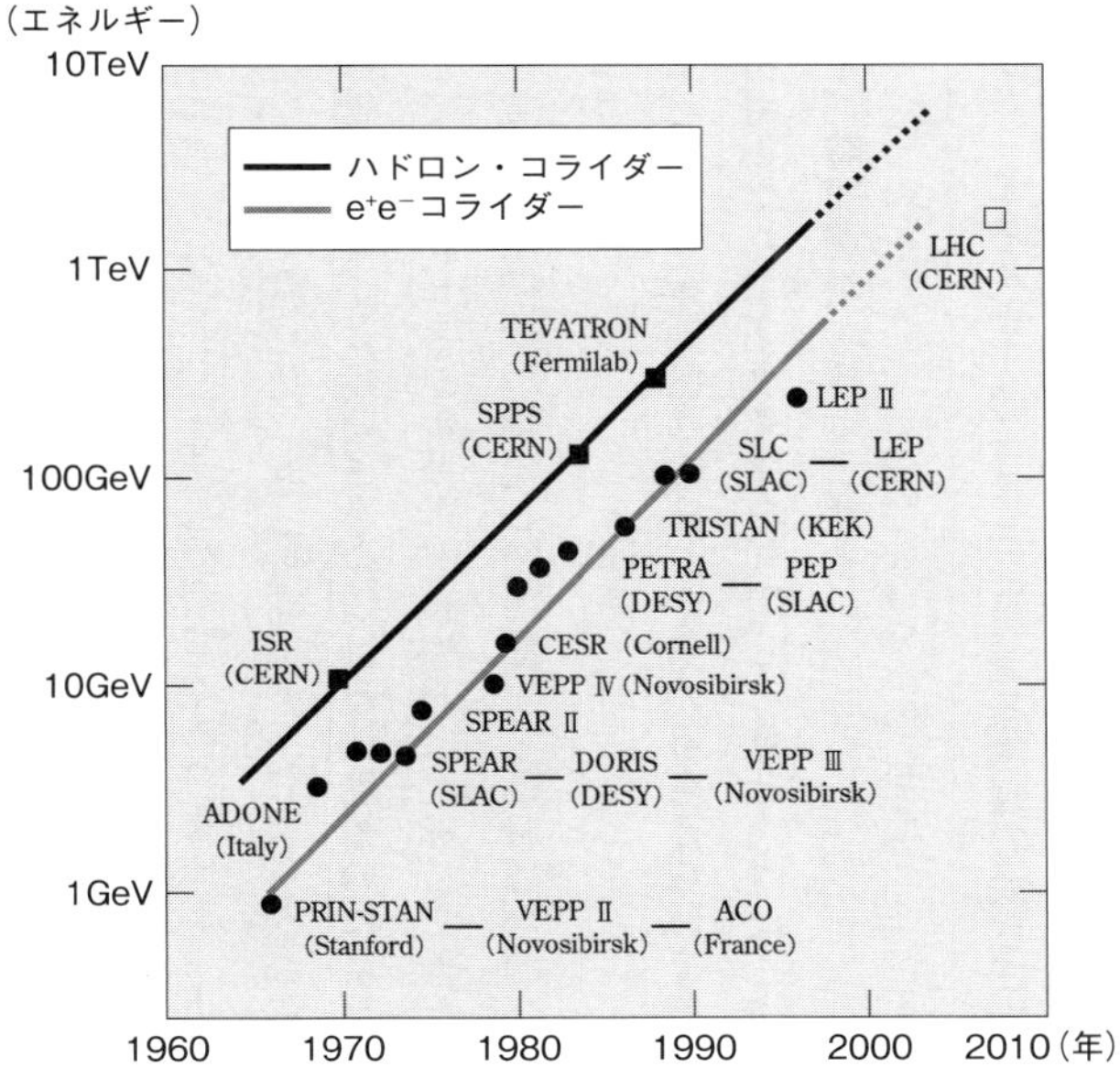

DESYより

歴代の加速器のエネルギーを示した図。
これまでは直線的に上昇してきたが、最近はやや鈍化している。

歴史でした。ひょっとしたら、将来にはまた変わっていくかもしれません。

図8は、歴代の加速器のエネルギーをプロットしたもので、横軸が時間（年）で縦軸がエネルギー（eV）です。線が2本ありますが、上の濃い実線がハドロン・コライダーといって、陽子と（反）陽子をぶつける加速器のエネルギーを示したもので、下の薄い線は、電子と陽電子をぶつける加速器のエネルギーです。

これまでは年々、エネルギーが直線的に上昇してきたのですが、最近はその線から外れてきて、やや伸びが鈍化しています。これは今の高周波を用いた技術の限界を示しています。

一方で、新しい革新的な方法がいろいろ考えられており、たとえば結晶の中の強い電場を利用したり、プラズマを利用したりといったものがあります。ただ、実用化にはまだまだ時間がかかりそうです。

■コラム　エネルギーの大きさと見える物質の大きさ

ここで、エネルギーの大きさと、それによって観測できる物質の大きさの関係

図9 身近にある「加速器」

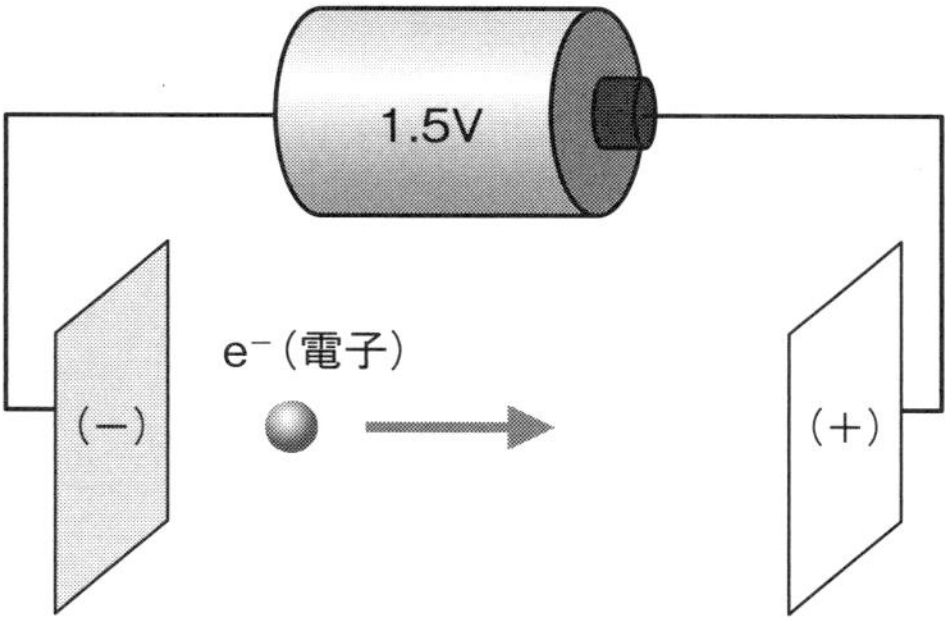

マイナスの電荷を持つ電子は、プラスの電極に引っ張られて加速する。1.5ボルトの電池でも光速の0.2%の速度になる。

について、簡単にまとめておきましょう。

図9のような簡単な回路を作ると、電子はプラスの電極に引っ張られます。電圧が1・5ボルトの電池でも、電子を光速のおよそ0・2%にあたるスピードまで加速することができます。ですから、こんな簡単な回路でも一種の加速器なのです。

このように電子が引っ張られる間に仕事が行なわれ、エネルギーが生じます。電池が1ボルトの場合に生じる電子のエネルギーが1eV(エレクトロンボルト=電子ボルト)です。

たとえば、水素原子の電子のエネルギーが13・6eVです。これは、大学に入った時に量子力学で最初に習う量です。熱量に換算すると、1eV＝1・6×10マイナス19乗J（ジュール）です。

1eVのエネルギーの光は、波長でいうと10のマイナス7乗メートルぐらいで、ちょうど可視光と同じ単位になります。化学反応というのは、外からきた物質の影響によって、その原子の電子の軌道が変わる反応ですから、ちょうどこの単位で起こっている出来事です。

だから、理科の実験でやるような化学反応は、赤だったり青だったりと色が見えるわけです。色が見えるというのは化学反応のスケールですから、人間の目で起こっていることとも言ってみれば化学反応なのです。

これに比べてエネルギーが100万倍、6桁ぐらい大きくなると、原子核のエネルギースケールになります。MeV（メブ／メガ電子ボルト）の単位です。メガは10の6乗倍です。

話は逸《そ》れますが、福島第一原子力発電所の事故で注目された放射性物質のセシウムから出る光は６６７ＫｅＶ（ケブ／キロ電子ボルト）ですから、１ＭｅＶに近い値です。だから、セシウム原子核反応のエネルギーが約１ＭｅＶということです。これを光の波長で言うと、波長が６桁短いことになります。そして、こうした波長の短い放射線ほど物質を通り抜けやすく、防ぐことが難しいのです。その一方で、原子核反応からは、火力などの化学反応よりも６桁高いエネルギー量が得られることもわかります。

　素粒子のエネルギースケールはさらに６桁高く、だいたい１ＴｅＶ（テブ／テラ電子ボルト）です。テラというのは10の12乗倍です。

　化学反応のエネルギースケールがｅＶ、原子核のエネルギースケールがＭｅＶ、素粒子のエネルギースケールがＴｅＶというオーダーになっていて、これが波長にも対応しているのです。目で見える光学顕微鏡のスケールから、電子顕微鏡のスケール、原子核のスケールと波長が短くなり、波長がもっとも短くなったところに素粒子の反応スケールがあります。

素粒子の標準モデル

これまでに何度か登場した、素粒子の「標準モデル」を表わしたものが、図10です。物質を形作っている素粒子として、6種類のクォークと6種類のレプトンがあります。また、力を伝えている素粒子として4種類のゲージ粒子があります。それから、今回見つかるヒッグス粒子があります。これらの粒子で、この世界は構成されています。

すでに述べたように素粒子の標準モデルは1960年代に示されたのですが、最初は誰も信じていませんでした。

注目をされるようになったのは1973年に、CERNのガーガメーラ実験で中性カレントが発見されてからです。中性カレントとは電荷を変えない弱い相互作用のことで、「Z粒子(Zボソン)」が起こす反応です。これによって初めて、物理学者たちが素粒子の標準モデルに注目するようになりました。

翌1974年11月にはチャームクォークが発見されました。それ以降、怒濤《どとう》のように新現象が発見され、標準理論が確立していきます。世界史では、1917年11月

図10　素粒子の「標準モデル」（再掲）

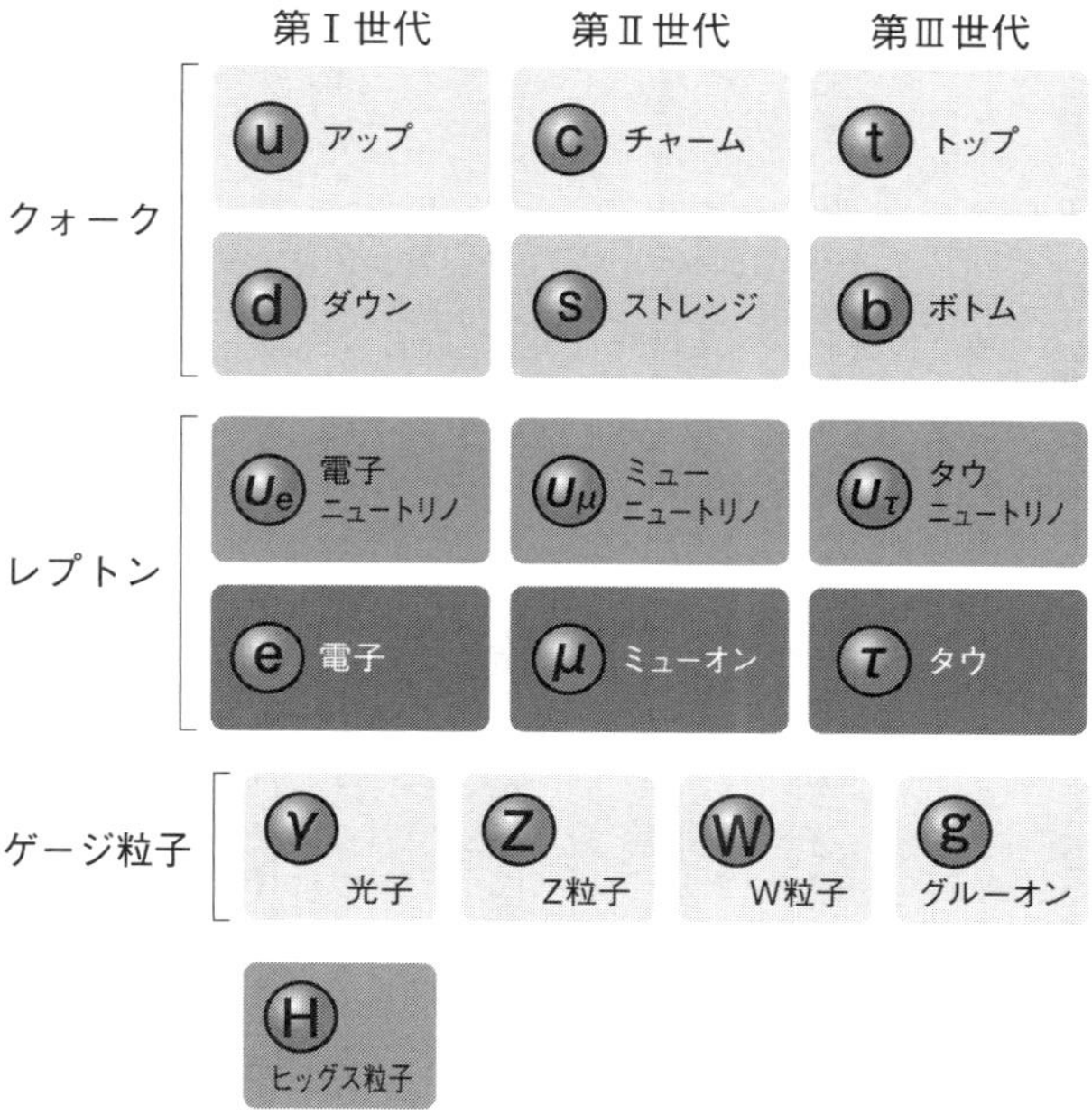

物質の最小単位である素粒子は全部で17種類あり、

① 物質を形作るクォークとレプトン
② 力を加えるゲージ粒子
③ ヒッグス粒子

の3つに分類できる。これを「標準モデル」と言う。

（ロシアが当時用いていたユリウス暦では10月）に帝政ロシアで起きた事件を11月革命（10月革命とも）と言いますが、素粒子物理学では、チャームクォークの発見を11月革命と呼んでいます。それくらい、新しい時代が拓かれた発見でした。さらに、1983年にはゲージ粒子であるW粒子とZ粒子がCERNで発見されたのに続いて、1995年にはトップクォークが、2000年にはタウニュートリノが、それぞれ発見されました。

このようにクォークやレプトン、ゲージ粒子は次々に発見されてきましたが、ヒッグス粒子が発見されるまでには50年近くもの歳月がかかったのです。というのも、ヒッグス粒子は他の素粒子と異なり真空の中に潜《ひそ》んでおり、見つけることが非常に難しかったからです。

ではまず、物質を形作っている素粒子であるクォークとレプトンについて、説明しましょう。

クォークには、アップとダウン、チャームとストレンジ、トップとボトムの3世代6種類が見つかっています。レプトンには、電子と電子ニュートリノ、ミュー粒子とミューニュートリノ、タウ粒子とタウニュートリノの3世代6種類が見つかっています。

「世代」というのは、質量だけが異なり、他の性質がまったく同じである素粒子の組み合わせのことをこう呼んでいます。

たとえば、原子核を作っている陽子は、アップクォーク2個とダウンクォーク1個でできています。中性子は、アップクォーク1個とダウンクォーク2個でできています。ニュートリノは、東京大学特別栄誉教授の小柴昌俊《こしばまさとし》先生が岐阜県飛騨《ひだ》市（旧神岡《かみおか》町）にあった実験装置「カミオカンデ」で、超新星爆発によって放出されたニュートリノを観測した功績などで2002年にノーベル物理学賞を受賞して以来、広く知られるようになりましたが、電子は電子ニュートリノとセットになっています。

実際には、アップクォークとダウンクォーク、電子と電子ニュートリノがあれば事足りるのですが、不思議なことに宇宙にはなぜか3セットのレプトンがあります。

レプトンの2世代目にあたるミュー粒子が見つかったというニュースが飛び込んできた時、ラビ振動の発見で有名なスチュワート・ラビはちょうどニューヨークの中華料理店で食事の最中で、「そんな素粒子をいったい誰がオーダーしたんだ」とぼやいたという逸話が残っています。必要がないと言ったら語弊《ごへい》がありますが、レプトンがなぜ3世代もあるのか、今でも理由はよくわからないのです。

ちなみに、クォークやレプトンに3世代目があることを理論的に予言したのが、当時京都大学にいた小林 誠《こばやしまこと》先生と益川敏英《ますかわとしひで》先生です。1972年にふたりで書いた論文で、2008年にノーベル物理学賞を受賞しました。

この世には存在しない反物質の世界

さて、少し遡りますが、1928年にイギリスの物理学者ポール・ディラックは、ある粒子があれば、それに対して質量などすべての性質が同じだけれども、電荷（プラス／マイナス）だけが逆の「反粒子」が存在すると予言しました。この反粒子だけでできた物質のことを「反物質」と呼びます。

この考え方は、この世界は粒子と反粒子が生まれては消えるということを繰り返しているというのです。粒子と反粒子がぶつかると、互いに打ち消し合って、消滅して真空状態になりますが、その際にエネルギーだけが残されるというのです。物質が生まれる時には、同時に「反物質」も生まれると考えられています。ただ、これまでに自然の状況で反物質はほとんど存在していません。

宇宙が誕生した時には、物質と反物質が同じ数だけあったはずですが、今の世の中には物質しかないわけです。だから、反物質がどうやって消えたかを考えなければなりませんが、その説明として「CP対称性の破れ」という考え方があります。ノーベル賞受賞時にも、これを理解するのはとても難しかったと思いますので、ここでは詳しくは述べません。

CP対称性のCというのは、「荷電共役変換（Charge conjugation conversion）」の頭文字、Pは「パリティ（鏡像）変換（Parity conversion）」の頭文字です。これもちゃんと説明すると長くなってしまうので簡単に申し上げますが、それまで、このふたつの変換をしても物質の姿（性質）は変わらない、すなわち対称性があると考えられていたのです。この荷電やパリティの対称性が成り立たない現象をCP対称性の破れと言います。

そのCP対称性の破れを考えた時、2世代では絶対にできない、3世代目がなければならないことを証明したのが小林先生と益川先生の理論です。4世代目があってもおかしくはないのですが、実験事実としては3世代しかありません。

このことは、やはりCERNの加速器として1989年に完成したLEP（大型電子・陽電子衝突型加速器）での実験で示されました。これはZ粒子を直接生成した実験です。生成されたZ粒子はニュートリノなどに壊れるのですが、その壊れ方にはいろいろな可能性があって、壊れる数が多いと、寿命が短くなります。

素粒子は先にも述べたように、量子力学に支配された世界です。これを別の言葉で言い換えると、「短い（有限）時間しか存在できないならば、エネルギーについてはウソをついてもよい」ということなのです。これを正確に言えば、短い時間だけならエネルギー保存則の破れが許されるということです。

そうすると、Z粒子の寿命が短ければ短いほど、エネルギー＝質量に関してはウソをついていいわけです。だから、Z粒子は91GeVという質量を持っているのですが、非常に短い時間しか存在しないから、質量についてウソをついてもよいために、質量が増えたり減ったりするように見えるのです。しかも、それが寿命に反比例します。

たとえば、これが電子だとすると、電子の寿命は無限大だから、ピシッと一点（511KeV）に集まります。しかし、Z粒子の場合、一定の幅でウソをついてよく、その幅というのは実は寿命の逆数なのです。だから、寿命が短くなればなるほど、この「ウソ」の幅が広がっていきます。

LEPでの実験でこの幅を観測した結果、ニュートリノには3世代までしかないことが確認されました。ただ、これはあくまで実験事実であって、なぜ3世代で終わっているかという理由自体はわからないのです。

クォークにしてもレプトンにしても3世代で何が違うかというと、実は質量が違うだけです。2世代目は1世代目に比べてだいたい100倍ぐらい重く、3世代目は2世代目に比べてさらに100倍弱ぐらい重くなっています。質量以外の性質はまったく同じです。世代で質量が違う理由もわかっておらず、非常に不思議なことです。

４つの力を伝える素粒子

クォークやレプトンは物質を形作っている素粒子ですが、素粒子にはもうひとつ、こうした物質間に働く力を伝えている素粒子があって、これは４種類あると言われています。５つめを探している研究者もいますけれど、今のところ見つかっていません。

自然界には４つの力があって、４種類の素粒子がそれぞれの力を媒介しています。

私たちがよく知っているのが「重力」です。リンゴが木から落ちるのも、地球が太陽の周りを回っているのも重力のせいで、このふたつが同じ力によると言ったのがニュートンの万有引力です。

ふたつめが、「電磁気力」。電気の力と磁気の力で、このふたつを統一したのがイギリスの物理学者ジェームズ・マクスウェルです。電磁場の考察から、マクスウェル方程式と呼ばれる有名な電磁場の基礎方程式を導き出しました。重力と電磁気力というふたつの力は身をもって感じることができる力ですが、これ以外にふたつの力があります。

３つめが、「強い力」で、強い相互作用とも言います。この力を最初に予言したのが、湯川秀樹《ゆかわひでき》先生です。

前にも述べたように、原子核は陽子と中性子の集まりでできています。中性子は電気を帯びていませんが、陽子はプラスの電荷を持っています。だから、陽子どうしが近づくと電気的には反発しようとするわけですが、それにもかかわらず、原子全体を野球場とすればピッチャーマウンドに落ちていた１円玉ぐらいの、非常に狭いところにこれらがギュッと集まっている。電気的に離れようとしている陽子や中性子をギュッとひとつにまとめているのが、この強い力です。

湯川先生は、パイオン（パイ中間子）が交換されることで陽子と中性子が結びついていると予言しました。現在の素粒子の考え方からすると、パイオンは素粒子ではないのですが、重要なのは、湯川先生が「粒子を交換することが力である」と言ったことです。この新しいアイデアを提唱したことで１９４９年にノーベル賞を受賞しています。今の素粒子物理学の原点がここにあると言ってよいでしょう。

４つめが、「弱い力」です。弱い相互作用とも言います。中性子がニュートリノと電子を出して陽子に変わる力です。

これらの4つの力には、それぞれ対応する素粒子が存在しています。電磁気力を生じさせている粒子は「光（光子／フォトン）」です。強い力を生じさせている粒子は「グルーオン」と言って、8種類見つかっています。弱い力を生じさせているのが「ウィークボソン（弱いボーズ粒子）」で、W粒子のプラスとマイナス、それにZ粒子の3種類あります。Z粒子は電荷を持っていないので1種類しかありません。重力に対応しているのが「重力子（グラビトン）」ですが、これはまだ見つかっていません。

光は質量ゼロだから、無限の彼方まで伝わります。光が本当に質量ゼロかどうかをどうやって確かめているかというと、木星や地球の磁場の分布でチェックしています。もし光に質量があると、磁場が遠くまで伝わらなくなります。だから、磁場の分布を正確に測定することによって、光の質量が（ほぼ）ゼロであることがわかります。今のところ10のマイナス17乗eV以下であることがわかっており、これは電子の重さよりも22桁も軽い数字なので、ゼロと言うことができるのです。

質量がゼロであれば無限まで伝わりますが、質量を持ってしまうと伝わらなくなってしまいます。だから、力を伝えている素粒子は質量ゼロでなければいけない。これを「ゲージ原理」と呼んでいます。

たとえば、弱い相互作用を伝えるW粒子は80ＧｅＶ、Ｚ粒子は91ＧｅＶなので、原子核のサイズの１００分の１ぐらいの距離しか伝わらないわけです。だから、弱い相互作用というのは力が弱いのではなく、質量が重いから伝わらず、結果として力が弱くなってしまっているのです。弱い相互作用というと、結合する力が弱いように思えますが、結合の強さは光より強いのです。

電子の場合、弱い相互作用だけでなく電荷も感じるので、電子が通ると電子の周りにたくさんの光（フォトン）が出ます。この光が遠いところまで伝わりますから、いろいろなものと反応が起こりやすくなります。

ところが、弱い力を生じるW粒子やZ粒子の場合、原子核の１００分の１ぐらいの距離しか飛ばないので、そのくらい近い距離に寄った時しか反応が起きません。ニュートリノは弱い力しか感じないため、ほとんどの地球上の物質を突き抜けてしまいます。

先の野球場の例でわかるように、地球を形作っている物質はすごく濃密なような気がしますが、実はスカスカです。野球場の外から、グラウンドに落ちている1円玉にボールを当てるのが難しいように、ほとんどのニュートリノは地球上の物質の原子核には当たりません。それでも、たまたま1円玉の大きさの100分の1くらい近くを通った時に、弱い相互作用を感じることができます。

また、量子力学のところで話したように、素粒子は粒と波の性質を持っていますが、力というのは波としての性質に作用しています。波とは何かというと、その典型が三角関数です。サイン、コサインのθ（シータ）に作用するのが力です。力というのは、波面の角度（正確に言うと波の位相）に作用するものなのです。その意味では、力は波の情報を運んでいるとも言うことができます。だから、先ほどのゲージ原理で述べたように、無限大まで伝わらないと具合が悪いわけです。

力を伝える素粒子は無限に伝わらなければならない。だから、質量がゼロでなければいけないにもかかわらず、実際には質量を持ってしまっている素粒子がある。これが、大きな矛盾であるわけです。

ヒッグス粒子の果たしている役割――「お母さんの原理」

さて、その質量に関わる大きな矛盾を解決するために、本書の主役である、ヒッグス粒子の存在が必要不可欠となってきます。

宇宙の誕生直後は光と、この光から生成されたいろいろな素粒子で満たされていました。光に質量はありませんから、そこから生まれた素粒子にも質量はありません。つまり、素粒子の質量はゼロでなければならない。また、後に詳しく述べますが、「右巻き」の素粒子と「左巻き」の素粒子がまったく別物だと考えると、クォークや電子などのフェルミ粒子（フェルミオン）の質量もゼロでなければいけないわけです。

ところが、すべての実験データが、光とまだ見つかっていない重力子（グラビトン）を除く、すべての素粒子に質量があることを示しているのです。これは明らかな矛盾です。

ここで、質量についても押さえておきたいと思います。

大ざっぱに言えば、質量というのは、重さであると考えてもらって構いません（もちろん「重さ」は重力によって変わってしまうので、この表現は正確ではありませんが）。

より正確には、質量とは何かというと、ふた通りの定義のしかたがあります。ひとつは、光のスピードからどのくらい遅くなるかを示す量のことです。「慣性質量」と呼ばれています。質量にはもうひとつ、「重力質量」というのがあって、こちらがいわゆる「重さ」です。このふたつが非常に高い精度で一致していることが実験からわかっています。この理由はまだ不明ですが、一般相対性理論を支持する「等価原理」のひとつです。

この原理からすると、素粒子は宇宙誕生直後、光と同じスピードを持つ、すなわち質量がゼロでないといけないわけです。一方、現在では、素粒子の質量はゼロではありません。

素粒子が光のスピードで動いていると止まることができず、水素をはじめとした元素を作ることもできません。そうすると、私たちが生きているような多様な宇宙も存在できないわけです。

逆に言うと、このような多様な宇宙が存在するためには、光のスピードで動いている素粒子が止まる必要があり、素粒子が止まるためには質量がないといけません。つまり、現実には素粒子の質量はゼロではないけれども、原理からするとゼロでなければならないという大きな矛盾を抱えているわけです。

これを解決するために、進むべき方向はふたつあります。

ひとつは、「素粒子の質量がゼロでなければいけない」という私たちの主張を放棄することです。この考え方自体が間違いで、やはり素粒子には質量があるのだと考えるのです。

もうひとつは、私たちの主張を放棄しない道です。素粒子には質量がないけれど、私たちの住んでいる環境が悪いから、あたかも質量を持っているように見えるのだというのが、もうひとつの考え方です。言い換えれば、原理は変わっていないが、環境が変わったので、結果として質量があるように見えているのだということです。

そして、私たちはこの第二の考え方を取っています。本来の真空では質量がなく、きれいな性質を持っているのに、環境が悪いためにそれが隠れてしまって見えないのだ、ということで「隠れ対称性」とも言われています。

講演する時によく言うのですが、これは言ってみれば「お母さんの原理」です。ドラマでよく聞くフレーズに「うちの子は悪くない。友だちが悪いんだ」という台詞があります。これを「お母さんの原理」と名付けたのです。

友だちが悪かったから、うちの子も悪く見られているが、それは間違いで、うちの子は悪くないという我が子を信じる親心です。このフレーズの「友だち」に当たるのが環境です。質量があるように見えるのは、「うちの子＝素粒子」ではなく、「友だち＝環境」のせいだということです。

「真空」は空《から》っぽではない

では、この場合に変化した環境は何かというと、それが「真空」と言われるものです。

私たちが差し出した掌《てのひら》のうえには、酸素や窒素などの気体がいっぱいありますが、そういうものを全部取り除いていくと、何もない真空になるはずです。漢字で書くと、「真（まこと）の空（から）」と書きますね。本当に何もない状態ということですが、実は真空は、「空っぽ」ではなく、ヒッグス場に満たされていると私たちは考えているのです。

そして、このように見ていくと、私たちがいくつかの素粒子として区別しているものは、真空の作用のせいで私たちには違って見えるだけで、実際は同じものなのではないか、と考えることができます。

電子とニュートリノは、もともと同じ粒子だったのに、真空の作用によって電子に見えたり、ニュートリノに見えたりするのではないか。あるいは、クォークやレプトンも、もともと同じ粒子であるにもかかわらず、真空の作用によって、ある時はクォークのように見えたり、ある時はレプトンのように見えたりするのではないか。

もちろん、これから実験的に検証しなければなりませんが、そういう可能性があるのです。

その証拠のひとつが、クォークの持っている電荷と電子の持っている電荷が非常に高い精度で一致していることです。本当に不思議なことですが、いい例が水素です。クォークとレプトンの電荷が同じである必要はまったくないわけですから、水素原子は電荷を持っていてもよいはずなのに、ちょうど中性になっています。電荷が同じである必要はなく、少しぐらいずれていてもまったく問題ないにもかかわらず、一致しているということは、クォークもレプトンも元々は同じ粒子であって、それがクォークに見えたり電子に見えたりしているのではないか。そしてそれが、真空の働きによるものだと考えられるわけです。

一部の報道などでは、ヒッグス場というのは、宇宙誕生の最初にはなかったような言い方もされましたが、実は宇宙誕生の最初からありました。平均すると「ない」状態だっただけです。

ところが、宇宙が誕生してから10のマイナス10乗秒ぐらい、温度としてはだいたい0・01京度ぐらい、エネルギーのスケールでいうと1TeVぐらいの時に、理由はわかりませんが、真空の形が少し悪くなった。そうすると、悪いところの方がエネルギーが低いので、水と同じように低い方に流れますから、エネルギーの低い状態になるわけです。こうして、ヒッグス場がべったりといる方が、エネルギーが低くなりました。

ちょっとピンと来ないかもしれませんが、たとえば水の場合、エネルギーが低くなると熱が放出されて氷になります。氷の方が水よりきれいな印象がありますけれど、実は氷には方向があり、性質としてはよくありません（偏《かたよ》っている）。一方、水は方向がないので、どの向きを向いても同じで性質としてはよい（偏りがない）のです。

素粒子は人気者？

図11では、ごった返している群衆がヒッグス（場）のたとえです。

そこに素粒子＝人気者、たとえばサッカー日本代表で、イギリスのマンチェスター・ユナイテッドに移籍した香川真司《かがわしんじ》選手が入ってきたとします。そうしたら、周りを囲まれて「写真を撮らせてください」とか「サインください」とか言われて、歩けなくなります。

この「歩くスピードが遅くなる」という状態が、質量が生じたように見えるというわけです。でも、有名人でなければ誰も気が付きませんから、そのままスーッと通り抜けることができます。

私はもともとサッカーをやっていてサッカーファンなので、香川真司で説明していますが、ＣＥＲＮに集まる欧州の科学者たちもサッカーは大好きで、ワールドカップやユーロ（欧州選手権）の時などは、食堂に大型テレビが置かれます。イングランド対ドイツなどの試合では満員になるまで人が押し寄せ、大変なことになります。２０００年の初めの頃は日本の試合など誰も見てませんでしたが、最近では欧州の人も関心を持つようになってきました。どんな分野でも国際的に活躍している日本人を見るとうれしいものです。

ここまで、ヒッグス場とヒッグス粒子という言葉をとくに区別せず使ってきましたが、実は異なるものです。場というのは正確に説明しようとすると難しい概念ですが、ある作用が支配する空間の状態です。物理現象を対象となる〝モノ〟でなく、空間の性質として考えようというものです。

だから、ヒッグスを説明する際によくイメージとして用いられる、真空にヒッグス粒子が詰まっている絵というのは実は間違い（図11の群衆も一人一人がヒッグス粒子であるわけではない）で、真空がヒッグス場という状態になっていると考えるのが正しい理解です。ヒッグス場は粒子ではなくて場なので、粒の形はしていません。

図11　素粒子は人気者？

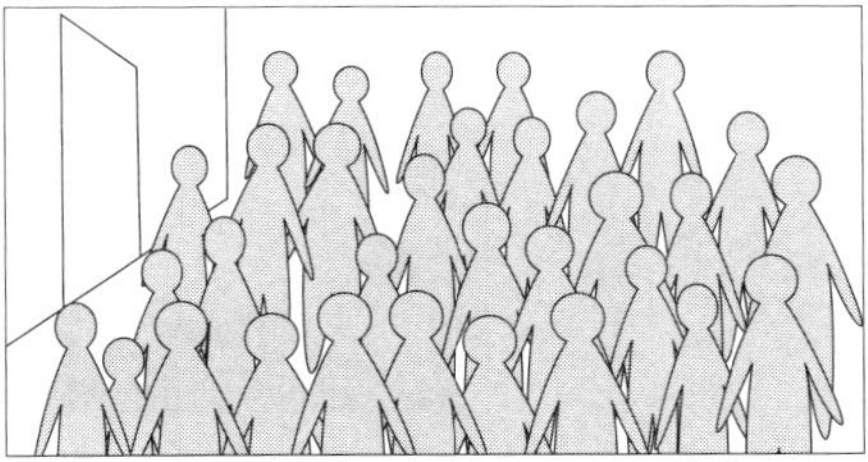

部屋にごった返している群衆
＝
ヒッグス場

そこに人気者の素粒子が入ってくる

素粒子が周りを囲まれて歩くスピードが遅くなる
＝
素粒子が質量を持ったように見える

図12　自発的対称性の破れ

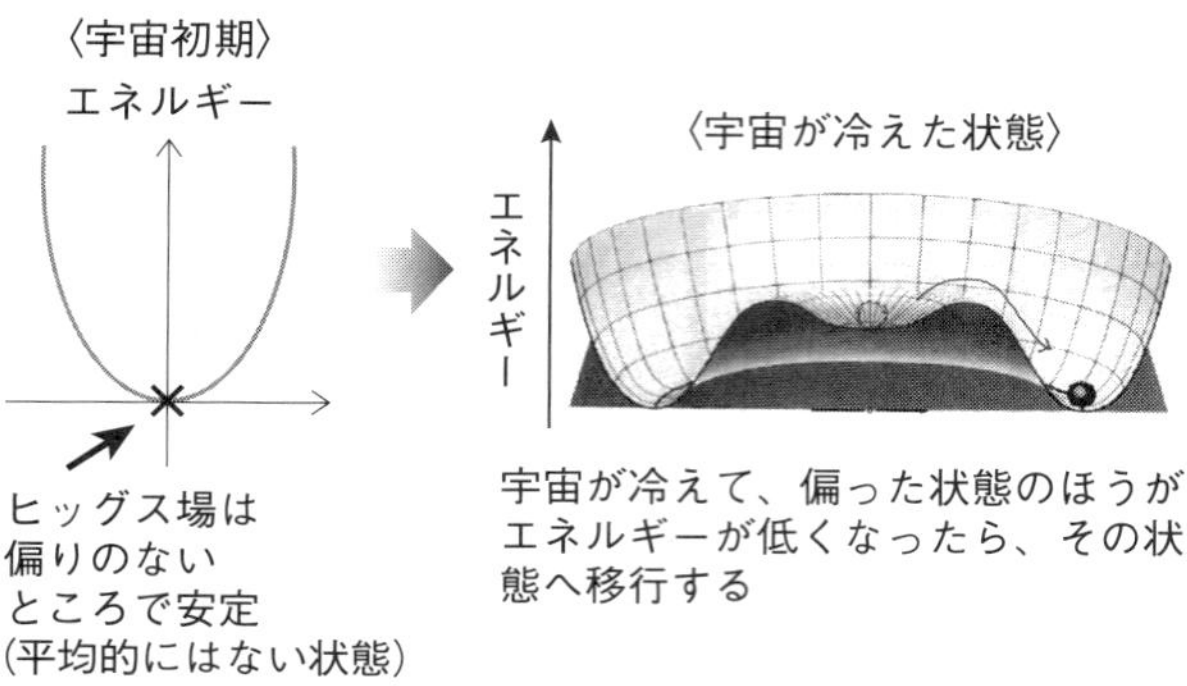
〈宇宙初期〉
エネルギー
ヒッグス場は
偏りのない
ところで安定
(平均的にはない状態)
〈宇宙が冷えた状態〉
エネルギー
宇宙が冷えて、偏った状態のほうが
エネルギーが低くなったら、その状
態へ移行する

ヒッグス場を取り出したら、ヒッグス粒子になります。あくまでも粒子にならないかぎり、取り出すことはできません。

破れかぶれから生まれたヒッグス粒子

では、このヒッグス場とヒッグス粒子という考え方はどのように発展してきたのでしょうか。

ヒッグス場は宇宙誕生当初からあり、質量の誕生に関わったと述べてきましたが、実際どのようにしてそれが可能だったのでしょう。

図12を見てください。このグラフは縦軸が宇宙のエネルギー、横軸がヒッグス場の

状態を示しています。宇宙誕生の直後には、ヒッグス場は不偏、つまり偏りのない状態にあります。量子力学の効果で出たり消えたりしていますが、平均すると「ない」のです。結果として質量ゼロの状態になっていたと考えます。

ところが、宇宙がビッグバン後どんどん冷えていき、エネルギーが低くなって偏った状態になったとします（図12右）。水と一緒で、自然は低きに流れるわけです。その結果、偏った状態、つまり環境として悪い状態に移行します。図12右の中央にいた私たちの世界が右下のほうへ落ちるわけです。そのため、質量を持っているように見えているのです。

この状態を「自発的対称性の破れ」といいます。長くシカゴ大学教授をつとめた南《なん》部《ぶ》陽《よう》一《いち》郎《ろう》先生はこのアイデアを評価されて、２００８年にノーベル物理学賞を受賞しています。

南部先生が１９６０年代に予言した素粒子に、南部ゴールドストン・ボソン（ボソンはボーズ粒子のこと）というのがありました。自発的対称性が破れると必ず質量のない粒子が出てくるはずだというのですが、質量のない素粒子など見つからないので問題になっていました。

これを受けて、1964年に「質量のない素粒子はあっても、力を伝える素粒子に吸収されてしまって見えないのだ」と言ったのが、イギリスの理論物理学者であるピーター・ヒッグスであり、ベルギー人のブロウトとアングレールでした。

ヒッグスは1966年に論文の続編を書いて「フィジックス・レター」に投稿しましたが、「こんな数学の論文は受け付けられない」として却下されました。そこで、困ったヒッグスは「これを強い力を伝えるグルーオンに用いたら、質量について説明できるかもしれない」という一文を付けて再投稿したら、今度は受け入れられたといいます。

ただ、これはヒッグスの講じた窮余《きゆうよ》の一策で、実際には、いま質量の起源と考えられているヒッグス場とは異なるものでしたが、とにかくこの一文が初めて質量の問題に言及したものであったので、これ以後、この未知の粒子は「ヒッグス粒子」と呼ばれるようになったのです。2012年2月頃から、ヨーロッパではあとふたりの名前も復活して「ブロウト・アングレール・ヒッグス粒子」と呼んでいます。

余談ですが、こういう話を聞くとほっとします。ヒッグスのような偉大な結果を残した人も「すべてお見通しの神様のような人」ではなく、皆と同じく失敗もする普通の人です。大事なのは、あきらめずに一生懸命にやること、バカになることであると教えてくれるからです。

ブロウトは2011年5月に亡くなってしまったので、ヒッグス粒子の発見にノーベル賞が授与されるとしたら、アングレールとヒッグスと、それからCERNかもしれません。

ただノーベル賞は、平和賞以外は個人に授与するのが規則（ノーベルの遺言）で、団体には与えられたことはありません。1983年にCERNがZ粒子を発見した時も、加速器のボスであるシモン・ファンデルメールと実験のボスであるカルロ・ルビアが個人としてノーベル賞を受賞しました。

でも、LHCの場合は20年に及ぶ研究で、ボスが4人も代わっています。もちろん、最初に始めた時のボスになるかもしれませんが、実験を成功に導き、ヒッグス粒子の発見にもっとも貢献したのが誰かということになると、3人目がどうなるか……。平和賞と同じように、CERNに団体として授与される可能性があるのかないのか、そこのところはちょっとわかりません。

ちなみに、ノーベル賞の賞金は、ノーベルの資産を運用して支払われており、この賞金額は約1億円でしたが、最近の欧州危機によって20％減額されることが決まったそうです。私の友人にも「もし、このヒッグスに関連して受賞することになったとしても約8000万円、それらをヒッグス等、理論の人と実験側で分け、さらにCERNでこの研究に携わった科学者は数千人単位だから、ひとりあたりいくら……一晩の飲み代にもならないな……」などと気の早いことを言っている人がいます。研究者も科学の話ばかりではなく、こんなアホな話もしながら、日々楽しく過ごしているのです。

「粒」の物理学から「容《い》れ物《もの》」の物理学へ

それまでは、物質を形作っている素粒子と、力を伝えている素粒子が考えられていましたが、ヒッグス粒子はこれまでの粒子とは本質的に異なる第3極の粒子です。粒子というよりは、これまでの素粒子を包含する容れ物に近いと思います。

真空というと、粒子がぶつかるとスピードが遅くなるだけの〝エーテル〟のようなイメージがありますが、実は不思議なことに、そのイメージとはかなり異なる大変な作業をやっているのです。

だから、私たちはこれまで素粒子物理学という名のとおり、パーティクル（粒）を扱ってきましたが、これからは真空とか時空を研究対象にすることになると思っています。これはすごく大きな変化です。

時空というのは一般相対性理論の対象で、一般相対性理論と素粒子を扱う量子力学はとても相性が悪かったのですが、超対称性（スーパーシンメトリー）が見つかると、おそらく両者が結びつくとともに、時空とか真空とかいった容れ物の物理が重要なテーマになってくると思うのです。

「神の素粒子」というヒッグス粒子の別名はもともと〝goddamn〟という単語から来たことは序章で述べましたが、その実像はと言えば、あまねく存在し、すべての素粒子に作用して質量を与えている神のような存在なのです。

そして、こうして50年近く前にその存在が理論的に予言されたヒッグス粒子を探して、さまざまな実験が今日まで続けられてきました。

次章では、このヒッグス粒子を発見するためにＬＨＣで行なわれている実験について、詳しく見ていくことにしましょう。

第２章　ヒッグス粒子の発見

——世界最大の加速器　ＬＨＣ実験

意外に身近な加速器

加速器というと、すごい技術を用いたマシンというイメージがしますが、実は非常に身近なものです。

たとえば、乾電池でも加速器を作ることができます。図9（47ページ）のように電圧1・5ボルトの乾電池の両端に電極をつないで、その間に電子を走らせると、プラスの電極に引っ張られて加速するわけです。そうやって加速した電子のエネルギーを、私たちは1・5電子ボルト（eV）と呼んでいます。

たったこれだけのことで、電子の速度は秒速730キロメートルにもなります。これは、光の速度のだいたい0・2％にあたります。それぐらい、電子は軽いのです。

もう少しモダンな加速器が、テレビです。テレビでも最近のデジタルテレビではなく、一昔前のブラウン管のテレビです。図13のようにブラウン管の先端部から電子を出し、2万ボルトの電圧をかけて電子を加速します。そうすると、加速した電子がぶつかったところがピカッと光って映像として見える仕掛けになっています。だから、大ざっぱに言えば、テレビも加速器なのです。エネルギーは、2万電子ボルトです。

図13　テレビも「加速器」

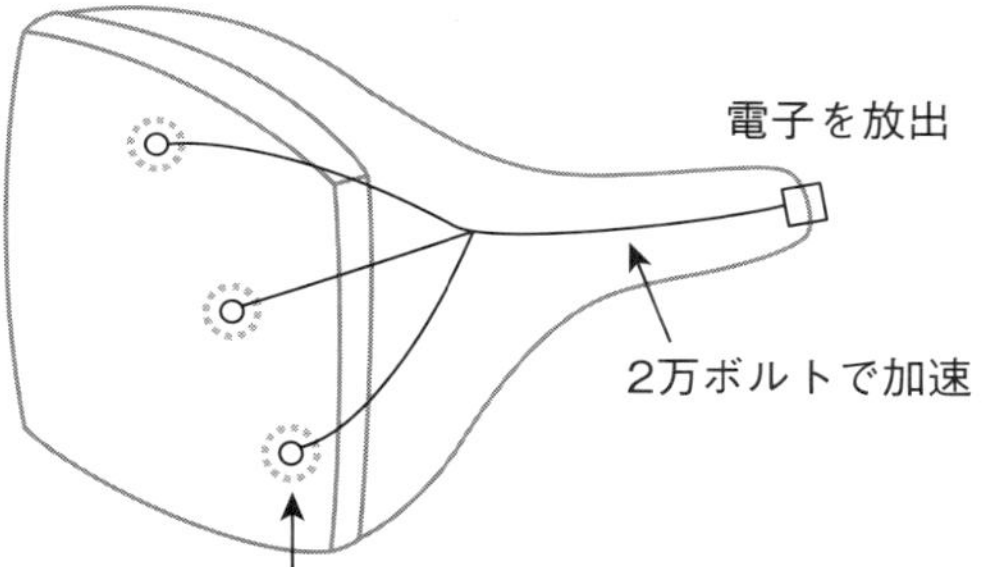
電子を放出
2万ボルトで加速
加速された電子がぶつかったところが光る

ブラウン管テレビも身近な加速器のひとつである。

ブラウン管の例では静電場と言って、時間によって動くことのない電場を使って加速していますが、これでは限界があるので、現在は交流の電磁波（マイクロウェーブ）を使っています。電子レンジのように、電磁波を使って効率的に加速していくのが、最新の加速器です。加速能力はテレビの1億倍ぐらいになります。世界最大の加速器であるLHCは、7×10の12乗電子ボルト、だいたい7兆電子ボルトの加速能力を持っています。

LHCで何をしているのか

私たちがLHCを使った実験をしている

のが、スイスのジュネーブにあるCERNという研究所です。EUの関連機関なので、資金はGDPに比例して加盟国から拠出されています。一番多いのがドイツで、次がイギリス、その次がフランスになっています。本部はジュネーブにありますが、フランスとの国境がすぐ目の前にあり、施設の多くはフランス側にあります。

CERNから車で10分ほど走ると、ジュラ山脈がそびえ立っています。冬はスキー、夏はハイキングができる風光明媚《ふうこうめいび》なところです。ロープウェイを登っていくと、ジュネーブの市街地が一望の下に広がります。また、人気アニメ「アルプスの少女ハイジ」の主人公ハイジとペーターが暮らすスイスアルプスを遠くに望むことができます。

ジュラ紀というのは約1億5000万年前で、恐竜が住んでいた時代ですが、「ジュラ」の語源になったのがジュラ山脈です。恐竜映画「ジュラシック・パーク」の「ジュラ」ですね。もともとは海の底だったので恐竜の化石はなかなか見つかりませんが、アンモナイトの化石は容易に見つけることができます。私も時々、探しに行ったりします。

ＬＨＣ（17ページ図2）は、Large Hadron Collider（ラージ・ハドロン・コライダー／大型陽子衝突型加速器）の頭文字を取ったもので、地下１００メートル、円周27キロの世界最大の加速器です。27キロというのは、だいたい東京のＪＲ山手線一周ぐらいの距離で、国境を越えてスイスとフランスの２カ国にまたがっています。

ＬＨＣで何をやっているかというと、光に近いスピードまで加速した陽子と陽子を衝突させ、ビッグバン直後と同じような非常に高いエネルギーの状態を創り出すのです。その時にいろいろな粒子が出てくるのですが、その粒子を精密に測定し、何が起こったかを研究するのが、私たちの仕事です。

そのために、検出器と呼ばれる機器を設置しています。検出器というのは、粒子をぶつけた時に出てくる粒子の種類やエネルギー、どの方向に出たかなどを精密に測定するものです。

検出器には大きなものが2種類あって、ひとつがアトラス（ＡＴＬＡＳ）検出器です（図14）。東京大学やＫＥＫ（高エネルギー加速器研究機構）など日本のグループが参加しています。もうひとつがＣＭＳ検出器で、アトラスのいわば商売敵《がたき》ですが、お互いに競争しながら実験の成果を出してきています。

アトラスは1980年代のUA2、CMSはUA1という検出器の流れをそれぞれ受け継いだ実験グループで、1980年代にはカルロ・ルビア率いるUA1が1983年にW粒子とZ粒子を発見し、翌年にカルロ・ルビアがノーベル物理学賞を取っています。一方のUA2グループは残念ながら、取れませんでした。だから、言ってみれば、宿年の対決なのです。

アトラス検出器は、直径25メートル、奥行き45メートルという巨大な機器です。直径25メートルというと、8階建てのビルぐらいの高さがあります。50メートル走でもスタートラインからゴールまでかなり遠いですが、奥行き45メートルというのはそれに近い距離があります。重さにいたっては7000トンもあり、フランスの首都パリにあるエッフェル塔と同じくらいの重さです。

図14の写真を見れば、人間に比べてアトラス検出器がいかに巨大か、わかってもらえるでしょう。

なぜ、こんなに大きくするのかというと、精密に測定するためです。測定の精度を

図 14　アトラス検出器

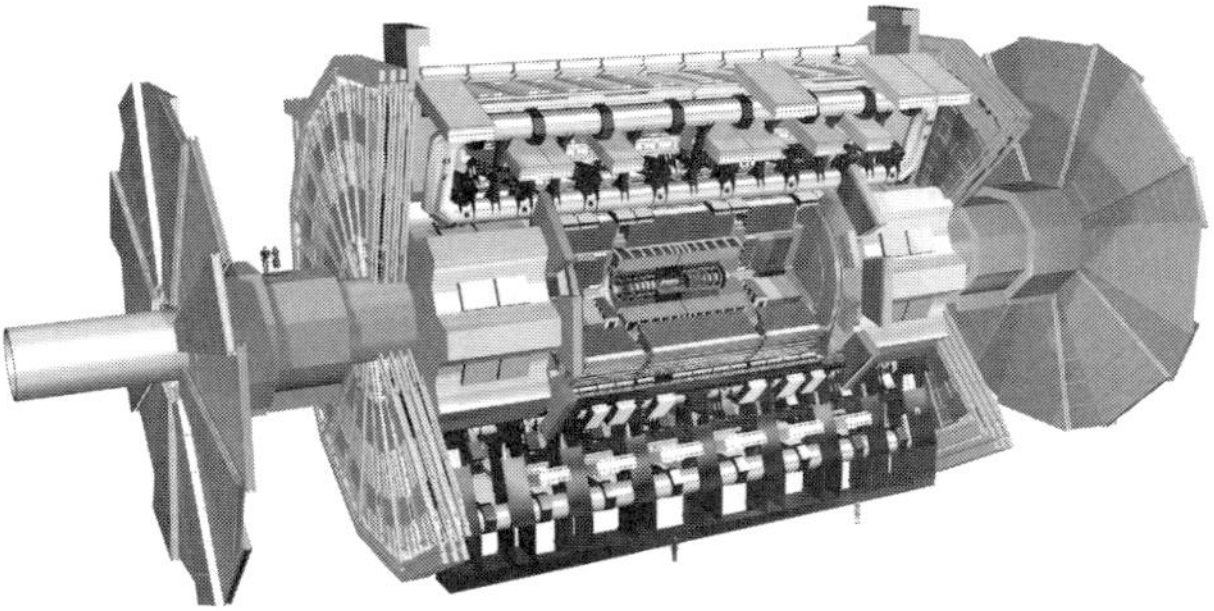

アトラスの全体像（上）と内部の大型伝導磁石（下）。
下の写真に写っている人間と比べると、その大きさがよくわかる。

写真提供　CERN アトラス実験グループ

上げるためには、①一個一個のセンサーを小さくするか、②全体を大きくするか、どちらかです。センサーを小さくするとお金がかかり、手間もかかるので、アトラスは検出器自体を大きくすることによって精度を上げる方を選択したのです。

ＬＨＣの建設費用は３８００億円で、このうち日本が約１３８億円を拠出しています。各国に先駆けて一番先に拠出を表明し、アメリカなどの他のオブザーバー国の拠出につながっていきました。日本が「世界がひとつとなって大きな国際共同実験をしましょう。その資金・技術を含めて支援します」と言うことで、その後の流れを作ったのです。

１９９０年代のことですが、湾岸戦争の時には日本は資金の拠出が遅い（人も出さない）と批判されました。戦争と学術を同じ土俵で議論してはいけませんが、国際的な活動において大事なのは、やはりタイミングだと思います。歴史を見ていると、この時に動いていればと思うところがたくさんあります。ＬＨＣに関しては、日本は非常にいい判断をしたのだと思います。

ＬＨＣは当初、２００８年から実験をスタートする計画でしたが2年ほど遅れ、本格的にスタートしたのは2010年からです。

LHCのメカニズム①――加速

LHCのメカニズムですが、1周27キロの超伝導の加速管があって、その中を陽子がグルグル回っています。加速管は1本15メートルで、全部で1232本がつながられています。

加速装置は長さ6メートルほどで、8個設置されています。図15にあるように、プラスとマイナスの電極を交互に置いて、陽子が通り過ぎた時に電荷を逆にすればよいのです。テレビのVHFの3倍程度にあたる400メガヘルツの高周波で、チャカチャカと切り替えているだけです。だから、加速の仕組みは、実はそれほど大したシステムではありません。

1周で加速するエネルギーはたかだか16MeV（メガ電子ボルト）です。小さなエネルギーですが、毎秒1万回転するので、毎秒0・1TeV（テラ電子ボルト）ずつ加速することになり、10分もしないうちにエネルギーを高くできます。塵《ちり》も積もれば山となる方式の加速をしているわけで、これが円形加速器のメリットです。

実は、陽子をいきなりＬＨＣで最高速度まで加速しているのではなく、マニュアル車のように5段切り替えで加速しています。

最初がライナックという直線の加速器で２５０ＭｅＶまで加速し、次のブースターと呼ばれる円形加速器で１ＧｅＶ（ギガ電子ボルト）まで加速。続いて、プロトンシンクロトロン（ＰＳ）で26ＧｅＶまで加速します。このＰＳをひと回り大きくしたのが、４番目のスーパープロトンシンクロトロン（ＳＰＳ）です。これは、１９８３年にＷ粒子やＺ粒子を発見し、カルロ・ルビアらがノーベル物理学賞を取った加速器です。円周５キロの円形加速器でグルグル回して４５０ＧｅＶまで加速し、最後にＬＨＣで７ＴｅＶまで加速するのです。

これらは、昔は最高エネルギーの最先端加速器でした。現在はそれを前段の加速に使っているわけです。

ヨーロッパ人は基本的に倹約家で、悪く言えばケチです。１００年以上も前の石造りの建物をだましだましだましながら、今でも使っています。高級ホテルと言えども、そ

図15　LHCの加速装置

〈加速の仕組み〉

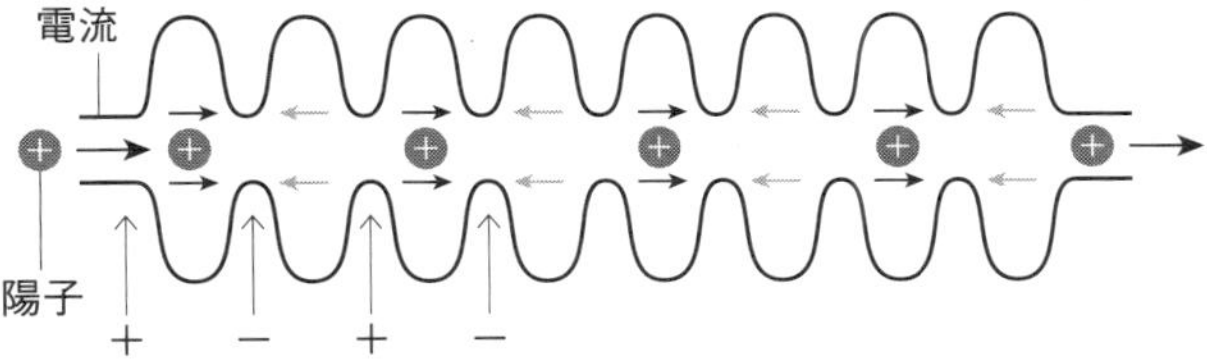

プラスとマイナスの電極が交互に並んでおり、交流で電荷が入れ替わることで繰り返し加速されていく。

〈加速装置〉

長さ6メートルほどの加速器が8個に設置されている。

写真提供　CERN アトラス実験グループ

うです。CERNもその例外ではなく、ライナックやブースターなどは私が生まれる前からあるような古い施設です。もちろん、当時としては最先端の加速器でしたが、それを捨てずにLHCの前段の加速器として使っているのです。

だから、真空ポンプにしても50年も前の物をいまだに使っています。私なんかは「もう捨てろよな」と思うわけですが、壊れると半日もかけて修理するのです。それに比べて、日本やアメリカではスクラップ・アンド・ビルドと言われ、建物でもすぐに壊して更地にし、新しい建物をボーンと建てる。だから、歴史が蓄積されないのです。その背景には、日本が木の文化で、ヨーロッパが石の文化だという日欧の違いがあるかもしれません。が、低成長時代のひとつのヒントがある気がします。

LHCのメカニズム②——衝突

先に述べたLEPのような電子・陽電子衝突型加速器の場合、加速器を円形にすると電子は曲がりますが、光は曲がらずにまっすぐ行ってしまい、エネルギーが失われるため、加速器の規模に限界があります。リニア・コライダーと呼ばれる直線の加速

図16　強力な磁力で陽子を曲げる

【フレミングの左手の法則】

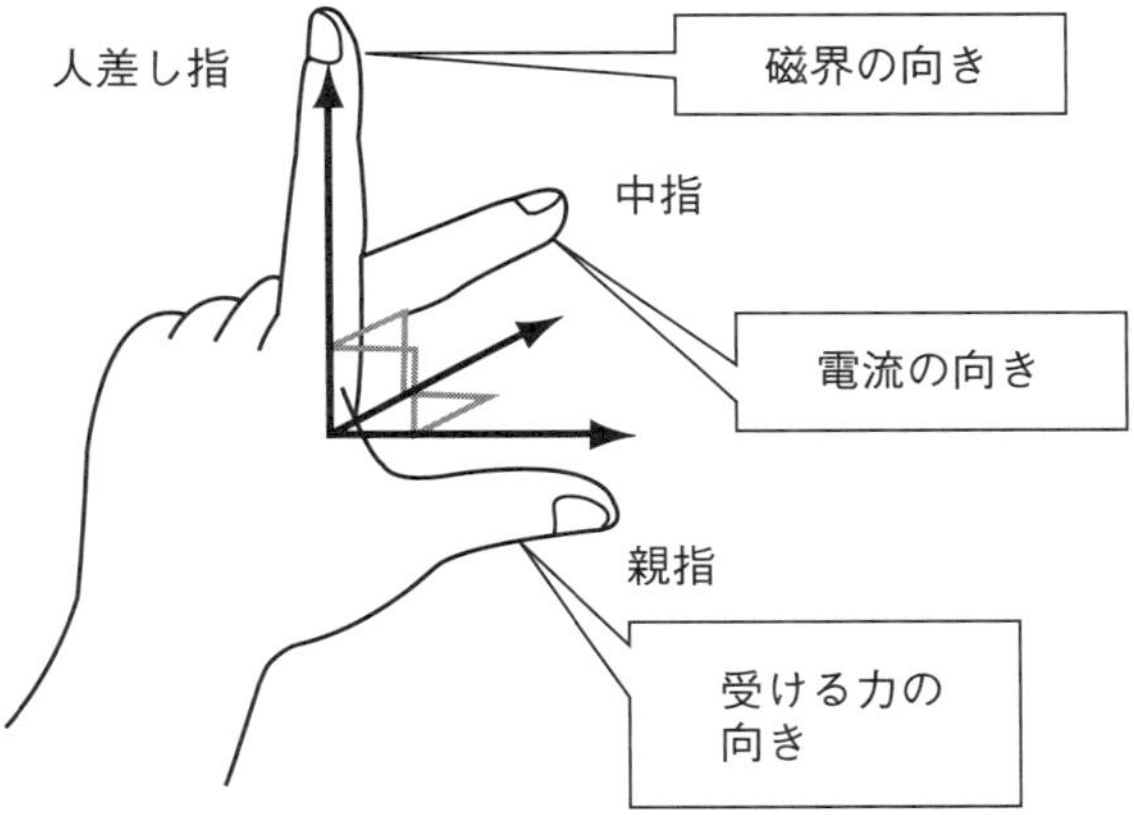

陽子　　磁場

超伝導で1万アンペアの電流を流して強力な磁場を発生させる。

写真提供　CERN アトラス実験グループ

器にすれば、光でエネルギーを失うことはありませんが、今度は1回で加速するシステムを構築するのが大変です。LHCのような陽子衝突型の円形加速器の場合は、そういう心配はまったくありませんが、大変なのは、陽子を曲げることです。

粒子を曲げること自体は簡単で、フレミングの左手の法則（図16）にしたがって磁場をかけるだけでよいのです。中指が陽子の進む方向で、人差し指の方向つまり上向きに磁場をかければ、陽子は親指の方向つまり左に曲がっていきます。同じように下向きに磁場をかければ、陽子は右に曲がっていきます。

ただし、陽子は重いうえに、加速した陽子は7TeVという高いエネルギーを持ちます。これはショウジョウバエがブーンと飛んでいるのと同じぐらいのエネルギーです。

何だそれくらいかと思われるかもしれませんが、一個の水素原子がショウジョウバエと同じぐらいのエネルギーを持ち、光に近いスピードで走っているわけですから、そう簡単には曲げられません。非常に強い磁石が必要です。このため、超伝導の磁石に約1万アンペアの電流を流して、陽子を曲げるのです。

陽子は2本の加速管の中を逆向きに走っていますが、27キロの円周の4カ所でクロスし、反応が起きるようになっています。グルグル回っている陽子のビームは200から250ミクロンぐらい、長さ6センチから10センチぐらいの棒状のバンチ（塊）になっています。

このままでは、小さな陽子どうしがぶつかる確率は相当低いので、加速管の両側にキューマグネット（四重極磁石）と呼ばれる磁石が置いてあって、陽子のビームを直径23ミクロンまでギューッと絞ってぶつけます。絞ったままだと不安定なので、通り過ぎたビームはまたキューマグネットを逆にかけて元に戻します。

この陽子のビームのバンチには、ひとつあたり陽子が1・4×10の11乗個つめられたものが1400入っています。つまり、1000億個ぐらいの陽子がバンチになって走るのです。逆向きのビームにも同じだけ入っています。

1000億個の陽子がすれ違いますが、1回すれ違う時に衝突するのは10個から20個程度です。つまり、ほとんど反応しないということです。だから、グルグル回って、またぶつけることができるわけです。ぶつかったら陽子がなくなってしまうのではないかと講演会で質問した人がいましたが、1000億個のうちの10個ですから、ほとんど無視できる程度です。

むしろ、バンチの陽子が減るのは、加速管の中にわずかに残っている空気のせいです。加速管の内部は10のマイナス8乗パスカル（パスカルは気圧の単位。大気圧の約10兆分の1）といって、極めて高い真空ですが、それでも窒素や酸素、水などがわずかに残っていて、そういう原子や分子にぶつかってなくなる陽子の方がはるかに多いのです。半日ぐらい実験を続けると数が減ってしまうので、全部捨てて、また新しく陽子を入れ直します。

LHCのメカニズム③——検出

陽子がぶつかると、ビッグバン直後の状態が再現されるわけですが、私たちは実際に起きたことを見ることはできません。衝突の後に出てくる粒子の種類や方向、それにエネルギーを精密に測定して、何が起きたかを調べているわけです。

だから、アトラス検出器の中はセンサーだらけです。センサーの総チャンネル数はおよそ1億もあり、非常に精密であることがわかります。

一番内側にあるのが、半導体の検出器です。だいたい１００ミクロンぐらいのピッチで、半導体の線が入っているものです。半導体は、通常は電気が流れませんが、電荷を持った粒子が通ると電気が流れるので、それを信号として取り出すのです。また、全体に磁場をかけておくと、曲がり方から運動量も測定することができます。

その外側にあるのが、鉛《なまり》でできた光の検出器です。光とか電子とかは鉛で止まりやすいのです。光や電子が止まった時に粒子をたくさん出すのを測定します。

さらに外側にあるのが、鉄とシンチレーターでできた検出器です。鉄板の間がスライスしてあって、その中に粒子が通ると光るシンチレーターが置いてあるのです。陽子やパイオンを止めるためのものです。

一番外側にあるのが、ミュー粒子の検出器（ミューオン・チェンバー）です。鉛や鉄を通り抜けてくるのは、ミュー粒子とニュートリノの2種類だけです。でも、ニュートリノは電荷を持っていませんから、通り抜けてきた粒子で電荷を持っていたら、ミュー粒子と判断できるわけです。

ちなみに、ニュートリノは見えないので検出できません。見えている粒子をすべて足し合わせ、エネルギー・運動量の保存則からニュートリノのエネルギーを求めます。

このようにアトラス検出器にはさまざまなセンサーが組み込まれているため、どこで止まるかによって粒子の種類がわかります。光や電子は鉛のセンサーで止まり、パイオンとか陽子とかのハドロンは鉄のところで止まります。ミュー粒子やニュートリノは最後まで突き抜けます。

このようにして、どういう粒子が出たかが調べられるのです。

LHCで活躍する日本の企業と研究者

この巨大な検出器を、世界35カ国およそ1800人の研究者が協力して製作しました。学生や技術者を含めると、およそ3000人が関わっています。日本からは、東京大学やKEKなど16の研究機関から70人の研究者、学生も入れると110人ほどが加わっています。

図 17　LHC 組み立ての様子

地下 100 メートルまでクレーンを使って部品をひとつずつ下ろし、組み立てていった。

写真提供　CERN アトラス実験グループ

実際に組み立てている時の様子が図17ですが、何せ地下100メートルにあるので、地上で作った機器をクレーンで吊るして地下に降ろし、さらに下で組み立てていきます。ウイスキーボトルの中で帆船《はんせん》を作るボトルシップを趣味とする人がいますが、ちょうどあんな感じで、機器を降ろしては組み立てていきました。

ＬＨＣの建設に、日本は多大な貢献をしています。各国に先駆けて建設資金を出しただけでなく、日本から10以上の企業が建設に参加しています。

なかでも特筆すべきなのは、超伝導ケーブルなどを作った古河電工とカネカです。

ＬＨＣ実験の成否の鍵を握っているのが磁石です。

超伝導ケーブルとひとくちに言いますが、「超伝導材でケーブル作るだけじゃん」と考えないでください。実は超伝導になった物質には磁場が入り込めませんから、磁石を作るのは簡単ではありません。ＬＨＣで使われているのは、ニオブとチタンの合金で作られた細い線をよじったものと、磁場が通るための銅を編んだ、非常に難しい作業が必要な物なのです。

また、ケーブルがショートしないように絶縁をしないといけません。通常ならテープを巻いておけばよいのですが、マイナス271度の低温、なおかつ放射線もある環境です。こんな悪条件下でも安定した素材を作るには高度な技術が必要で、カネカの絶縁シートは、アメリカの巨大素材メーカーであるデュポンとの国際競争を制しています。

先ほども述べた、陽子のビームを絞るための四重極磁石は日本のKEKとアメリカのフェルミ国立加速器研究所によって共同開発され、東芝が製作しました。

加速管を超伝導状態にするためには、1.9K（ケルビン）つまりマイナス271度ぐらいの温度に冷やさなければなりません。そのために、加速管1本あたり700リットル、1232本のトータルだと約700キロリットルの液体ヘリウムで冷却しているわけです。LHCは世界でもっとも冷たい構造物でもあるのですが、この冷却システムを担当しているのがIHIです。

それから、鉄材を使っていますが、磁石にならないような鉄材でないと困る部分がかなりあります。そういう鉄材を担当しているのがJFEスチールや新日鉄です。

アトラス検出器についても、日本の貢献は大きいです。一番内側にある半導体の検出器は、日本とドイツ、イギリスが共同で作りました。日本側の中心は、KEKの海《うん》野義信《のよしのぶ》先生と浜松ホトニクスです。浜松ホトニクスが素粒子研究にした貢献は本当に計り知れないものです。

ミュー粒子の検出器は、日本とイスラエルが共同で作ったものです。当時、東大にいた京都大学の石野雅也《いしのまさや》先生が中心になって開発しました。実際に製作したのは茨城県つくば市にある林栄精器という企業です。

検出器の中央部にある磁石は、KEKの山本明《やまもとあきら》先生らが開発し、東芝が製作したものです。このほか、信号をやり取りする光ファイバーはフジクラ工業製、シンチレーターはクラレ製です。

このように各所で使われているという事実から、日本の技術が非常に高く評価されていることがわかります。日本の技術なくしては成立しないと言っても過言ではありません。

各国への発注額はだいたい出資額に比例するように配慮されるのが基本で、日本が拠出した138億円に見合う額の仕事が、日本のメーカーに発注されています。言ってみれば、お金ではなく物で納めているわけですから、「ヨーロッパでやっている実験に日本がお金を出すのは税金の無駄遣いでもったいない」という批判はあたりません。

量子力学の「ウソ」でヒッグス粒子を取り出す

ＬＨＣを使ってビッグバン直後の非常に高いエネルギーの状態を作り出すと、前章で述べたように、真空からヒッグス粒子をつまみ出すことができるようになります。

ここで大事な鍵となるのが、量子力学です。前にも述べましたが、小さな世界というのは、量子力学が支配している世界です。量子力学を一言でいうと、「ウソをついてもいい」ということです。

ただし、ウソをついてもいいとされるのは、「ℏ（ｈバー）」と言われる量で、10のマイナス34乗ジュール・秒（Ｊ・Ｓ）という、とてつもなく小さな値です。だから、ウソをついていい時間も非常に短い時間であって、私たちのような実存ではウソをついてはいけません。

この量子力学における「ウソ」とは何か。たとえば、光はある瞬間に電子とその反粒子である陽電子になりますが、これは、エネルギー保存の法則および運動量保存の法則を満たしておらず、ウソをついている状態なので「ヤバイ、ヤバイ」と言って、すぐに「ホント」の姿である光に戻るわけです。

念のために注釈すると、最近の若者たちは「ヤバイ」をいい意味で使っていますが、私の場合は「まずい」とか「困った」「大変だ」といった悪い意味で使っています。

エネルギーが大きい時（大きなウソの時）には、光が電子と陽電子になってもすぐに光に戻ってしまいますが、エネルギーが小さい時には、比較的に長い時間ウソをついていることができます。だから、エネルギーの量（言ってみればウソの大きさ）で、ウソをつく時間が決まっていくわけです。量子力学の支配する世界では、絶えずこういう変化が起こっています。

そこにエネルギーを注ぎ込むとどうなるか。たとえば、図18上のように電池に電極をつなぐと、プラスとマイナスの電荷でそれぞれ引っ張られる方向が違います。引っ

図 18　量子力学的状態から粒子を取り出す

＜量子力学の世界＞　　　　＜現実の世界＞

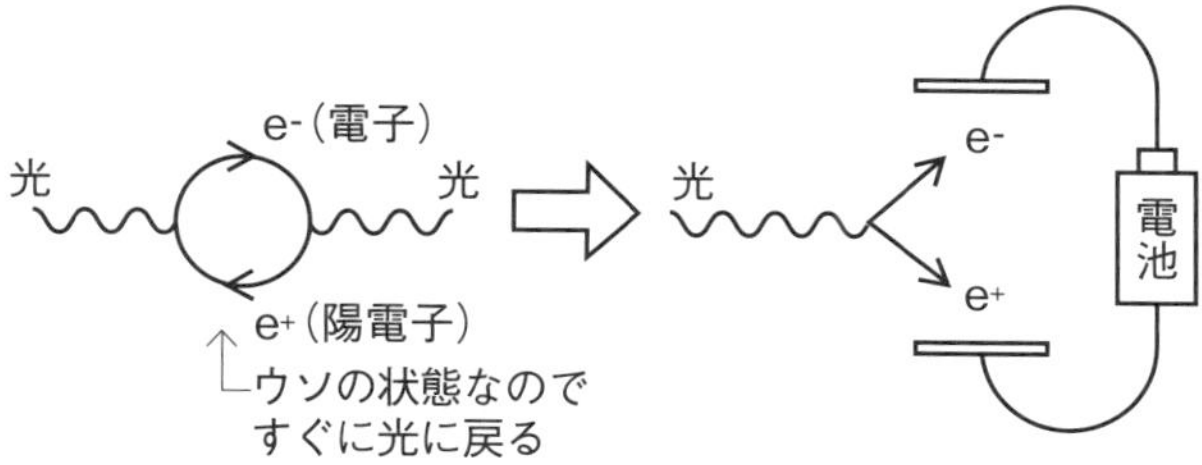

量子力学的な仮想状態（ウソの状態）だった粒子にエネルギーを与えると現実の電子と陽電子を取り出すことができる。

＜実験データ＞

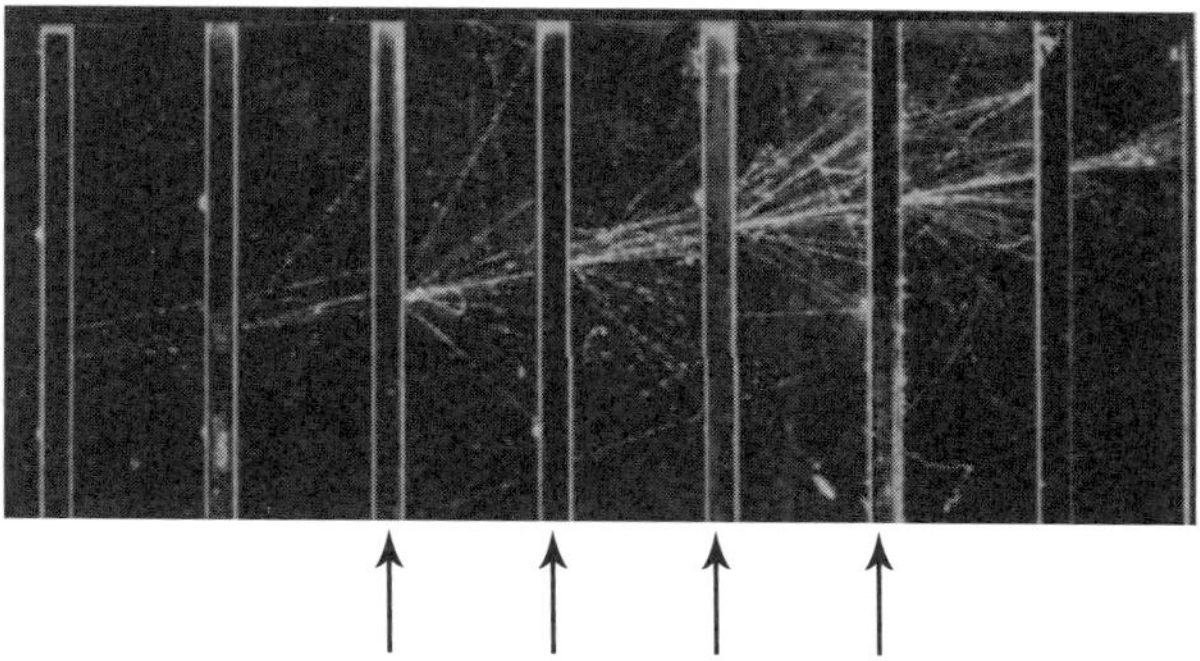

エネルギーを与えているところ

実際に、光から電子と陽電子が次々と飛び出している様子。

張られるということは仕事をしてエネルギーを与えていることですから、それによって量子力学的に仮想状態（ウソの状態）だった電子や陽電子を実存の粒子として取り出すことができるわけです。

この図18下の写真が実際に行なった実験のデータです。この実験は、電極ではなくて、原子を使っているだけです。原子は中心に原子核、その周りに電子が回っているので、双方の間に非常に強い電界が存在しています。それを使っているだけなのですが、光から電子と陽電子がポッと出て、そこからまた光が出て、そこからまた出てというように、粒子がどんどん増えていっているのが実験データとして見えています（後述しますが、これを「電磁カスケードシャワー」といいます）。

これとまったく同じことが、ヒッグス粒子にも当てはまるわけです。何もないと思われている真空でも、いろいろな量子的なゆらぎは起きています。第3章で詳しく説明しますが、ゆらぎとは、短い時間にいろいろな粒子が生成されては消えているものです。ヒッグス場も時々ゆらいでいます。そこにエネルギーをどんどん与えていくと、量子力学的な仮想状態である真空つまりヒッグス場から、実際にヒッグス粒子を取り出すことができるはずです。真空にある時はヒッグス場であって、それをエネルギーの高い状態にしてつまみ出すとヒッグス粒子になるのです。

ただ、ヒッグス粒子そのものを観測することはできません。なぜなら、ヒッグス粒子は素粒子と結びついて、素粒子に質量を与えているものなので、他の素粒子と非常に相性よく、くっつきます。すぐに他の素粒子にくっついてしまい、壊れてしまうのです。その寿命は10のマイナス21乗秒です。

ではどうするかというと、ヒッグス粒子が壊れて、その後に出てきた粒子を私たちは観測するわけです。たとえば、ヒッグス粒子が壊れてふたつの光になる現象があるので、そのふたつの光を探せばヒッグス粒子を探し当てることができるのです。

「なんだ、簡単じゃないか。それなら、オレだってできる」と思う人もいるかもしれませんが、実際はここからが大変なのです。

世界中のコンピュータをひとつにして探す

ヒッグス粒子を探すのがなぜ大変か。

ＬＨＣで陽子と陽子をぶつけた回数は、２０１１年1年間で約５００兆回に上りました。その中で、素粒子の標準モデルでわかっている普通の現象が、同じ1年間で約5億回起こっています。

それに比べて、ヒッグス粒子は恥ずかしがり屋でなかなか出てきません。見つけやすい光ふたつになる現象は、回数でいうと、５００回程度しかなかったと推測されます。つまり、普通に起きている現象の１００万分の1、ぶつけた回数からすると1兆分の1の確率ということです。これほど稀《まれ》にしか起きない現象を、無数の現象の中から見つけ出さなければいけないのですから、非常に大変な作業であるわけです。

そのために必要となる計算機の量も膨大になりますから、とても1国では賄《まかな》いきれません。それで、私たちは世界中の研究機関のコンピュータをネットワークでつないで、あたかもひとつのコンピュータのようにして研究を行なっています。

これはグリッドと呼ばれるネットワークで、ソフトウェアでもＯＳ（Operating System の略称で、コンピュータシステム全体を操作する基本的なソフトウェアのこと）でもない「ミドルウェア」と呼ばれています。

グリッドには何種類かあって、ひとつはＣＰＵ（中央処理装置、Central Processing Unitの頭文字を取ったもので、コンピュータの中心となって演算の処理をする電子回路のこと）のグリッドです。コンピュータのＣＰＵをつないでパラレル処理するもので、これはスーパーコンピュータと同じ原理です。世界中にＣＰＵを持つスーパーコンピュータとも考えられるわけです。

もうひとつはデータのグリッドで、私たちが構築したものはこちらです。たとえば、アトラスで起きた現象を1台のコンピュータでシミュレーションしようとすると30分程度かかりますが、それは30分かかってもよいのです。それを世界中のコンピュータでやって、後で集めれば、何万件ものシミュレーションが30分で終わります。

ＬＨＣのグリッドには、普通の家庭にあるコンピュータおよそ26万台が接続されています。ディスクにいたっては１８２ペタバイトです。ペタという単位はピンと来ないと思いますが、２時間の映画が録画できるＤＶＤでだいたい４０００万枚分のデータが保存できる分量です。さらに、ディスクのバックアップとして、それと同じぐらいのテープも準備されています。

それだけのコンピュータを世界中でつないで、ひとつのコンピュータのようにして使っているのです。

日本ももちろんグリッドに参加していて、東京都文京区にある東京大学本郷キャンパスの理学部1号館にある素粒子物理国際研究センターにコンピュータのセンターがあって、グリッドの一翼を担《にな》っています。

データは世界中に散らばっていて、「この計算をせよ」とグリッドに指示すると、データがある研究機関のコンピュータまで走って計算して戻ってくるわけです。万が一の場合に備え、必ず2カ所に同じデータが記録されています。

ある意味で、きわめて民主的で、かつ平等なネットワークと言えます。しかし、みんなで仲良く分かち合う国際協力ばかり、バカ正直にやっているわけにもいきません。研究も競争の世界ですから、競争相手を出し抜かなければなりません。

ですから、そうした共有の部分とは別に、日本の研究者だけがこっそり使えるコンピュータを持っています。もちろん他の国は他の国でそうした部分を持っているでしょうから、キツネとタヌキの化かし合いのような側面がなきにしもあらずなのです。

少し脱線しますが、アメリカのレーガン政権の時、7000億円をかけてLHCと似たSSCという大型の加速器を作る計画が進められたのですが、クリントン政権に代わってお金がかかりすぎるという理由で中止になりました。このため、素粒子物理学をやっていた研究者が大量に解雇されたのです。

物理学だけでなく計算もコンピュータもできる優秀な人材ですから、彼らがいわゆる「クオンツ」（高度な数学的手法を駆使して、投資戦略を考えたり金融商品の開発をしたりする専門家のこと）になって金融業界に流出し、1990年代後半のアメリカのITバブルを下支えしました。SSCの中止がITバブルの源泉になったことは、経済学史の本にも書かれています。こうしたバブルやマネーゲームの意味は、歴史が判断することでしょう。

ヒッグス粒子をどのようにして探すか

これまでの実験で陽子と陽子を衝突させた結果、ヒッグス粒子が、①W粒子ふたつ（WW）、②Z粒子ふたつ（ZZ）、③γ（光）ふたつ（γγ）の3通りに壊れた可能性があるケースが見つかっています。もっとデータを増やすと、④ボトムクォーク対（$b\bar{b}$）、⑤タウ粒子対（$\tau^+\tau^-$）のさらにふたつに壊れるケースが見つかることが期待されています。どんな粒子に壊れるかを調べることによって、ヒッグス粒子が本当に質量の起源なのかどうかがわかるのです。

一番重い素粒子はトップクォークなので、量子力学の効果によってヒッグス粒子はトップクォークによく壊れます。これまでの実験の結果、ヒッグス粒子の質量は１２６ＧｅＶ付近と見られますが、トップクォークの質量は１７３ＧｅＶなのでふたつで約３５０ＧｅＶになります。

もしヒッグス粒子の質量が３５０ＧｅＶ以上であればトップクォークに壊れることができますが、１２５～１２６ＧｅＶでは３５０ＧｅＶの粒子に壊れることはできません。

ただ、ここでも量子力学の「ウソ」が利きます。したがって、不確定性原理によって10のマイナス26乗秒ぐらいという非常に短い時間だけウソをついてよいので、トップクォークに壊れますが、すぐに元に戻って消えてなくなり、残ったエネルギーがγ

（光）ふたつになります。

同じようにボトムクォークにも壊れることができますが、ボトムクォークは質量が５ＧｅＶぐらいしかないので、これはウソをつかずに、ボトムクォークふたつに壊れます。タウ粒子の場合も同じです。

今の実験段階では、５種類のうちＷＷとＺＺ、γγに壊れる過程が見えればよいのではないかと思っています。というのも、エネルギーの測定精度が悪いと、バックグラウンド（ヒッグス以外の別の粒子の崩壊によって観測される現象）との区別がつかないため、同じ数ならばエネルギーの分解度が高くて１カ所に集まっている方がよいわけで、それがγγとＺＺ、それにＷＷ（ＷＷには最後にニュートリノも含まれてくるため、解析が少し難しいのですが）なのです。

ヒッグス粒子がふたつの光に崩壊する現象を探す場合、ふたつの光がある事象を探し出せばいいわけです。図19がＬＨＣで観測された、ヒッグス粒子の可能性がある事象です。検出器の断面を表わしたもので、内側のたくさんある細い線が衝突で出た素粒子の跡ですが、これは気にしないでください。５時と11時の方向にふたつの光が観測されています。

ところが、実際には光が２方向に出る反応はたくさんありますが、ほとんどがバックグラウンドです。バックグラウンドは連続した分布になっていますが、もしヒッグス粒子が壊れたものだったら、ヒッグス粒子の質量に対応するはずですから、反応は１カ所に集まります。これで見分けることができるのです。

そうして、ふたつの光のエネルギーとどの方向に出たかを精密に測定し、ふたつのベクトルを足し合わせると、その真ん中にいたと思われる粒子のベクトルになるわけです。

ここでエネルギー・運動量の保存則を使います。アインシュタインの有名な式$E=mc^2$ですが、これは止まっている時の式なので、動いている時の式は、

$$mc^2=\sqrt{E^2-P^2C^2}$$

のようになります。この式に粒子のベクトルの値を入れてmを出すと、真ん中にいた粒子の質量を求めることができるのです。

そして、２０１２年6月の時点で前年分と合わせて１１００兆回の衝突を起こした

図19　ヒッグス粒子を見つける

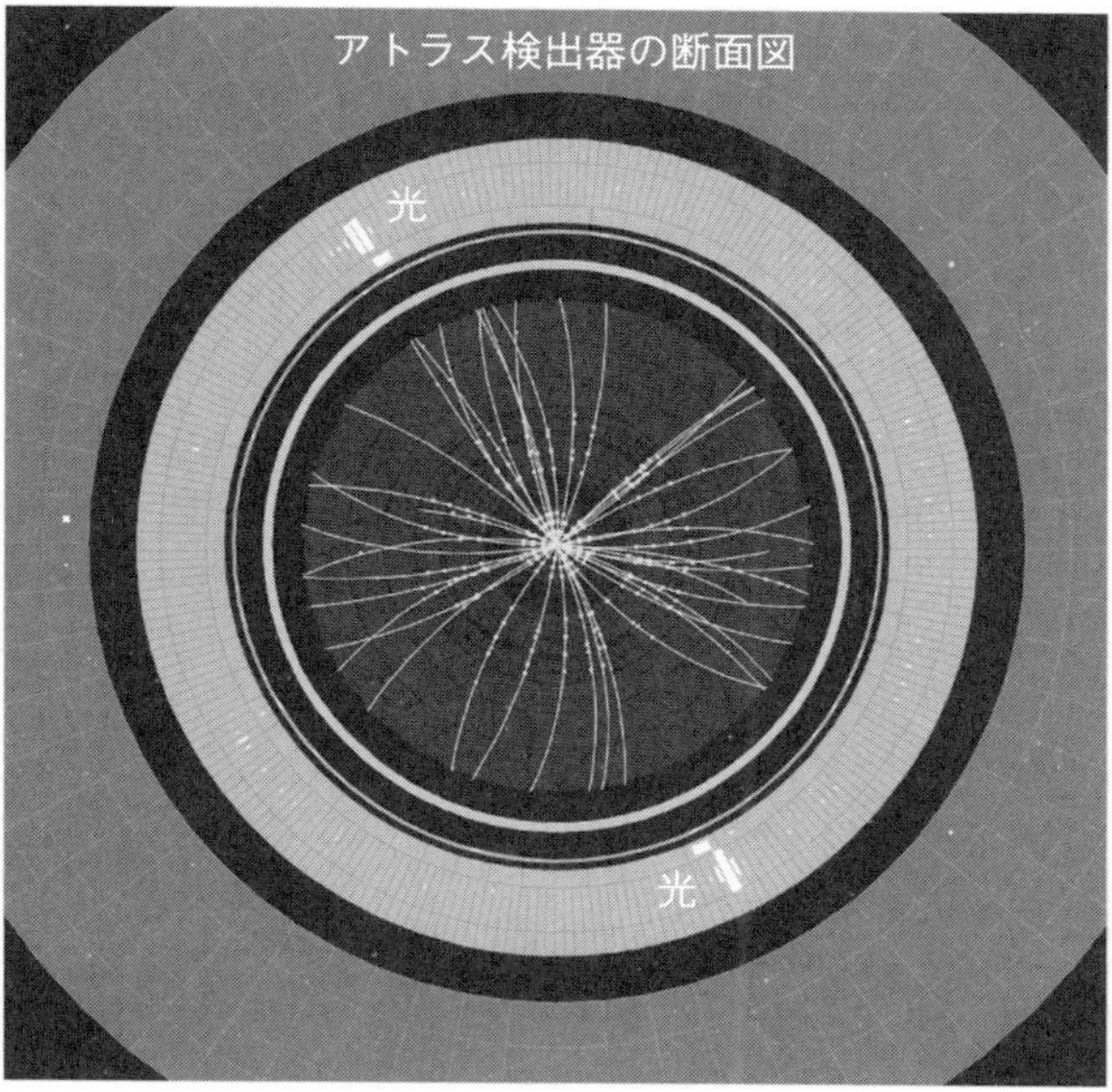

図のようにヒッグス粒子が2方向の光に壊れたケースを探す。
ふたつの光のエネルギーと方向を測定することで、元のヒッグス粒子の質量を求めることができる。

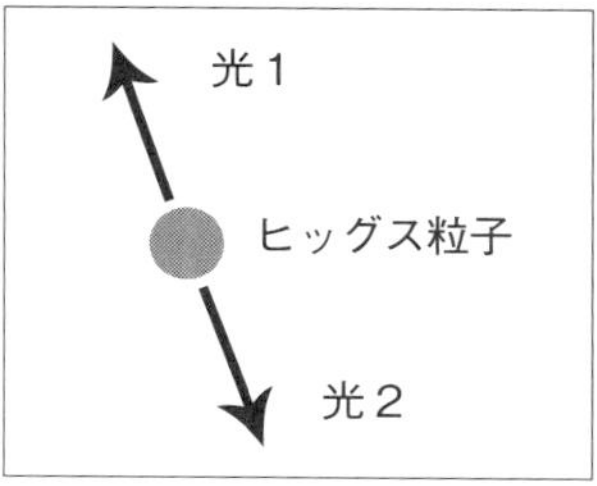

写真提供　CERN アトラス実験グループ

結果、質量が126GeVのところに多数の事象が集まり、7月にヒッグス粒子と見られる新粒子の発見が発表されました。

「発見」とはどういうこと？

実際に2011年頭から2012年6月までの1100兆回の衝突の中から、光が2個出ている現象を探し、計算して求めた質量分布を取って見ると、図20のようにバックグラウンドがたくさんあります。つまり、光がふたつ出ている現象だけれどもヒッグス粒子ではなく、よくわかっている別の現象から出てきたものです。

この時、ふたつの光は質量としてはまったくランダムに分布しています。ところが、もしヒッグス粒子から光がきたとすると、ヒッグス粒子はひとつの質量を持っているので、その質量のところに山が見えるわけです。これは非常に小さな山なので、こういう信号をどのように解析するかが、ヒッグス粒子を発見する鍵になります。

量子力学については簡単に説明しましたが、量子力学は確率が支配しているので、どうしてもぶれてしまいます。しかも、粒子自体を観測することはできませんので、

図20　ヒッグス粒子の「発見」とは？

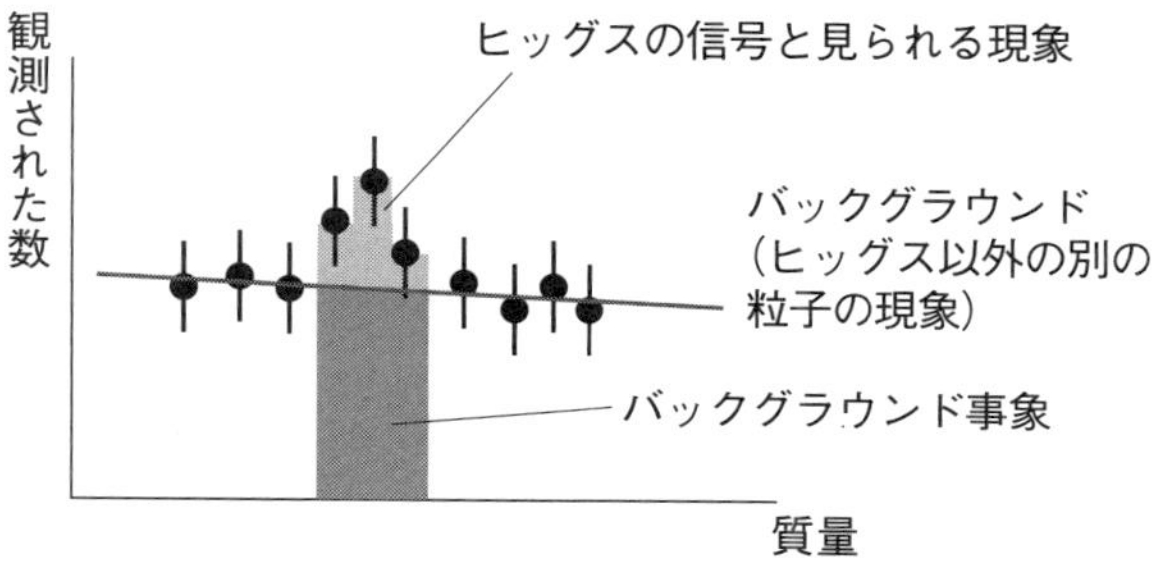

薄いグレーの部分がヒッグス粒子と見られる現象。
ただしバックグラウンドのふらつきである可能性もあるので、その確率が100万分の1以下になってはじめて「発見」と呼ぶ。

こういう場合に「発見」とは、どういうことを言うのでしょうか。

図20のように、下の四角い部分がバックグラウンドです。このバックグラウンドのふらつきの標準偏差をシグマ（σ）とすると、発見と言われるにはその上の山になっている部分の数が大事です。この数が標準偏差シグマの5倍以上になるのを、「5シグマ」といい、私たちは発見と呼んでいます。

5シグマだと、たまたまふらついてこの数になってしまう確率がだいたい100万分の1以下（正確には3×10^{-7}）です。つまり、ほとんどありえない状態と言えます。

このような状態になって初めて、私たちは発見と言っているのです。

そのひとつ手前の3シグマ、つまり標準偏差の3倍以上になる場合を兆候、エビデンスと呼んでいます。3シグマだと、たまたまふらついてこの数になってしまう確率がだいたい1000分の1、つまり0・1%になってしまいます。

2011年12月に東京大学で記者会見をしましたが、翌日の新聞に出た記事を見てみると、98・9%の確率と書いてあります。これは、間違える確率が1・1%ある、つまりふらついてしまう確率が100分の1余りということです。この記事に書かれているように、確定的とされる5シグマは99・9999と、9が6つ並ぶ値です。この値を目標として実験を続けてきた結果、2012年6月の時点で5シグマに達したわけです。

このシグマについてもう少し説明すると、5シグマは偏差値でいうと1000のことです。3シグマは80。だから、偏差値にすると「これは大変だ」という感覚がわかると思います。それぐらい起きにくい現象であるわけですが、ここまでこないかぎり、発見だとか確実な証拠だとかいう表現は使えないのです。

図21　ヒッグス粒子の発見

＜アトラス実験＞

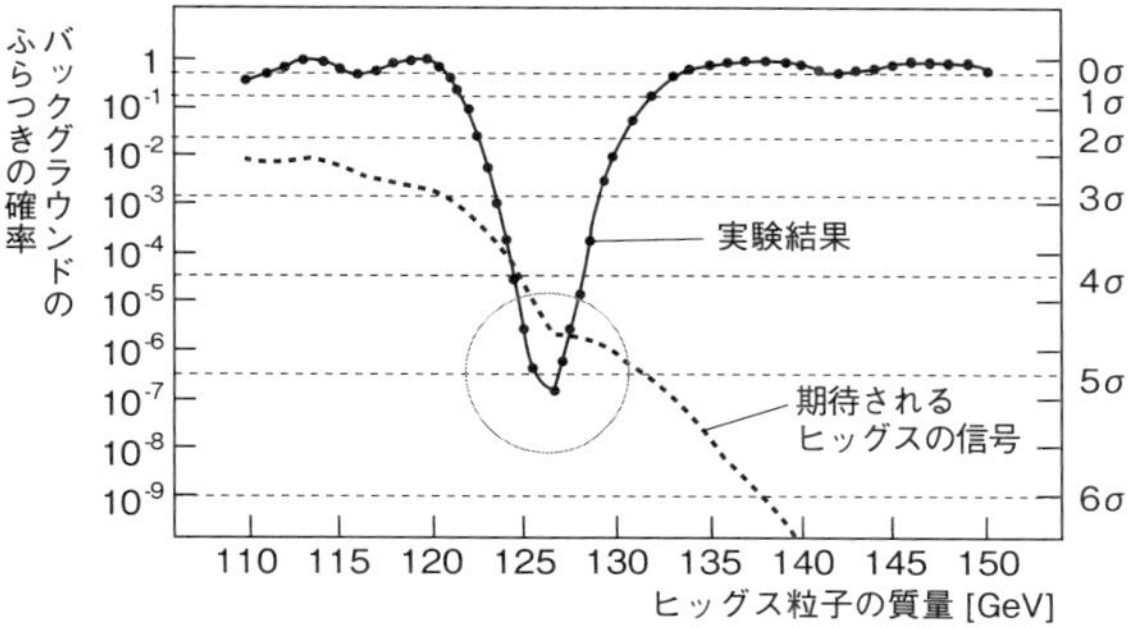

＜CMS実験＞

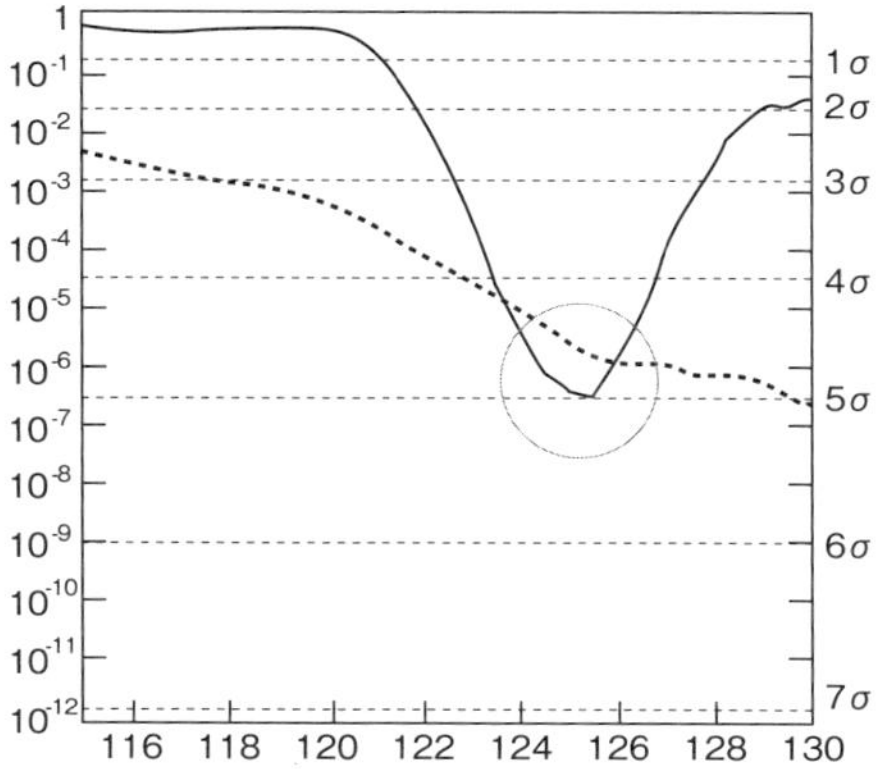

2011年〜2012年7月までの観測結果を示したグラフ。
アトラス、CMSのふたつの独立した実験で、両方とも質量125GeV付近にヒッグス粒子と思われるピークが見つかった。
「発見」と呼べる5σ（シグマ）の確率に達したことが分かる。

２０１２年6月の時点で、ヒッグス粒子らしき信号が１２６ＧｅＶ付近に見えただけでなく、複数の解析チャンネルでも見えたし、商売敵であるＣＭＳ検出器でも同じような質量が見えたことで、「ヒッグス粒子であると思われる」という留保つきですが、とりあえずヒッグス粒子発見の発表に至ったわけです。

すでに述べたように、アトラス実験ではγγ、ＺＺ、それにＷＷという違う解析チャンネルで質量のピークが見えていて、いずれも１２６ＧｅＶ付近を示しています。

図21のグラフは両方とも、横軸がヒッグス粒子の質量で、縦軸が間違い（バックグラウンドのふらつき）である確率です。上へ行くほど間違いの可能性が高く、下へ行くほど間違いの可能性が低くなります。

破線は、ヒッグス粒子がもしあったとしたら、たぶんこれくらいの強さに見えるはずだという予言の線ですが、実験結果がこの予言の線にほとんどピッタリと乗っています。アトラスとＣＭＳというふたつの独立した実験で、どちらも予言の線に乗っていて、しかも質量のピークが１２６ＧｅＶ付近にきれいに見えています。間違いの確率は共に10のマイナス６乗以下です。

２０１１年には３・５兆電子ボルトのエネルギーで陽子と陽子をぶつけ、合わせて７兆電子ボルトのエネルギーで実験していましたが、２０１２年は2割ほどエネルギーを上げて８兆電子ボルトでぶつけています。

回数では、２０１１年が５００兆回でしたが、２０１２年は5倍の２５００兆回衝突させる計画です。もともとは10月でやめる予定でしたが、この成果を受けて２カ月ほど延長しました。$\tau^+\tau^-$（タウニュートリノふたつ）と$b\bar{b}$（ボトムクォークふたつ）のデータが出ていないので、この新粒子がヒッグス粒子であるとはまだ断定できませんが、２０１３年3月頃には結論が出るものと見られています。

第3章

真空は「空《から》っぽ」ではない

――忙しく働いているヒッグス場の役割

真空には何もないわけではない

第3章では、真空というこの世界の「容れ物」とヒッグス粒子との関係について、さらに詳しく説明したいと思います。

最初に、真空は「空っぽではない」ということ、次に真空には「好みがある」こと、そして真空は「忙しく働いている」ことなどについて説明します。続いて場と粒子の関係を説明し、最後に、真空というものから、どのようにして私たちの住むこの複雑な世界が生まれたのかを考えてみたいと思います。

まず、真空は実は何もないわけではないという話です。第1章の終わりに、真空とは何もない空っぽの状態ではなく、「ヒッグス場」と呼ばれる状態になっており、そこからヒッグス粒子を取り出すことができることをお話ししました。

では、なぜ、真空が空っぽであると都合が悪いのでしょうか？ すなわち、なぜ「ヒッグス場」という考え方を導入する必要があるのでしょうか？

キーワードは、量子力学と反粒子です。

量子力学では、ハイゼンベルクの不確定性原理に基づいて、非常に短い時間であれ

ばエネルギー的にウソをついてもよいことはすでに述べました。たとえば、光の場合なら、電子と陽電子になりますが、これはウソをついている状態なので、すぐに元に戻るのです。ウソをついてもいいのは10のマイナス34乗ジュール・秒という非常に短い時間であって、エネルギーの量で、ウソをついていい時間が決まります。

もうひとつ、ここで説明しなければならないのが、「反物質」や「反粒子」という概念です。簡単に言えば、物質と電荷が逆で、その他の性質が一緒のものです。これは、特殊相対性理論に基づいています。反物質や反粒子は自然界にはほとんど存在しません。

この反粒子がどのようなものかを知るために、まず、粒子の運動を考えてみます。図22のように、横軸に位置をとり、縦軸には時間をとります。そうすると、粒子が運動していく様子は図22—①のような折れ線で表わされます。私たちの常識から言うと、粒子が時間を遡って運動することはありませんから、基本的には右肩上がりの折れ線になります。

図22　時間を遡る粒子がある？

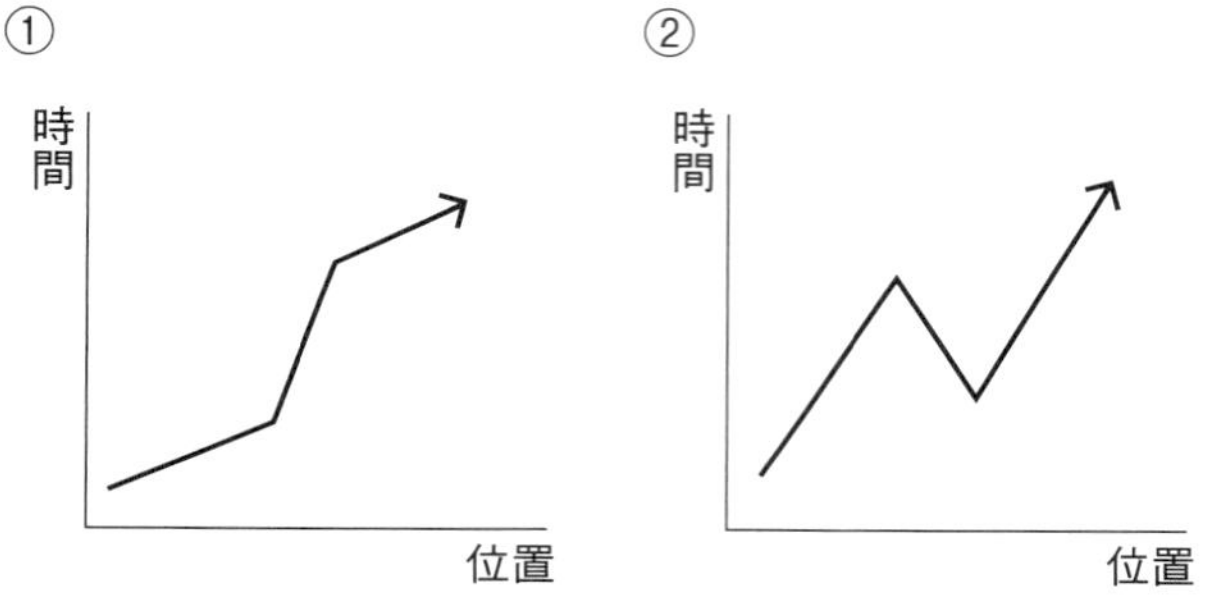

私たちの常識では②のように
「時間を遡る」粒子は考えられないが……

では、図22―②のように折れ線が右肩下がりになるような場合は考えられるでしょうか？　見てわかるように、この粒子は時間を遡っていることになりますから、古典的な考え方ではこういうことはありえません。

ところが、特殊相対性理論の場合、時間も空間も同じように扱います。空間座標にはプラスがあればマイナスもあり、右があれば左もありますが、時間にも同じようにプラス時間があればマイナス時間もあると考えるのです。つまり、時間を遡ることもありだというのが特殊相対性理論です。

そうは言っても、私たちは「時間を遡

る」ということがどうしても感覚的に理解できません。だから、ある時間の断面で切って、時間ごとにどうなっているかを見ていくわけです。これを「タイムスライス」と言いますが、その瞬間、瞬間にどうなっているかしかわからないのです。

たとえば、図23の縦軸ａで横に切ると、粒子がポツンといるだけです。それが縦軸ｂで横に切った場合、別の場所から粒子がポコッと現われるように見えるわけです。さらに、縦軸ｃで切ると、粒子が３つあるように見え、真ん中の粒子が「反粒子」です。縦軸ｄでは、元あった粒子と反粒子が消えてなくなり、別のところから出てきた粒子だけが生き残っているように見えるのです。

このように、時間を遡っていくことができる粒子を、反粒子と呼びます。方程式でみると、時間とエネルギーは必ず対応がついているので、時間が逆方向に進んでいるということは、エネルギーもマイナスにしておけばいいわけです。

もともと、イギリスの理論物理学者ディラックが、特殊相対性理論と量子力学を合わせたディラック方程式で予言したものです。

１９３２年にアメリカのカール・アンダーソンが、霧箱で宇宙線を観測していて反粒子（陽電子）を発見したため、ディラックは1933年にエルヴィン・シュレディンガーとともにノーベル物理学賞を受賞しています。もちろん、見つけたアンダーソンも1936年にノーベル賞をもらっています。

当時はまだ、反粒子の正体が何なのかわかっていませんでしたが、リチャード・ファインマンが「時間を遡っていく粒子が反粒子」だと解釈したことで、決着がついたのです。

反粒子があるとすると、真空中のあるところから粒子と反粒子が突然パッと現われたり、逆にそこにあった粒子と反粒子がパッと消えたりします。

不確定性原理で「ウソ」が許されるので、こんなことが起きます。

「場」とは何か

もちろん、不確定性原理によってウソをついていいのは短い時間だけですから、パッと現われてパッと消えるのは非常に短い時間です。非常に短い時間なのですが、こうなると古典的な「粒《つぶ》（粒子）」の考え方だけでは通用しなくなってきます。そこ

図 23　反粒子とは何か

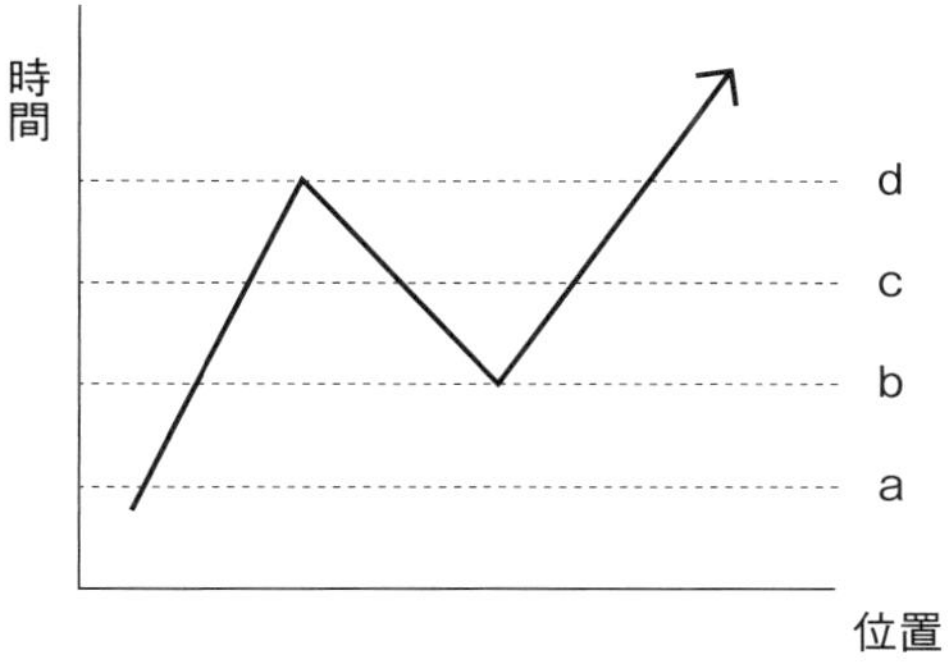

a～dの各時間ごとにどうなっているかを断面で見る（タイムスライス）と次のように見える。

a）　○ 粒子　……粒子がひとつ

b）　○　……粒子がひとつ（真空から粒子と反粒子が現われる）

c）　○　●（反粒子）　○　……粒子ふたつに反粒子ひとつ

d）　○　……粒子がひとつ（粒子と反粒子が消滅する）

図24 「場」と「粒子」

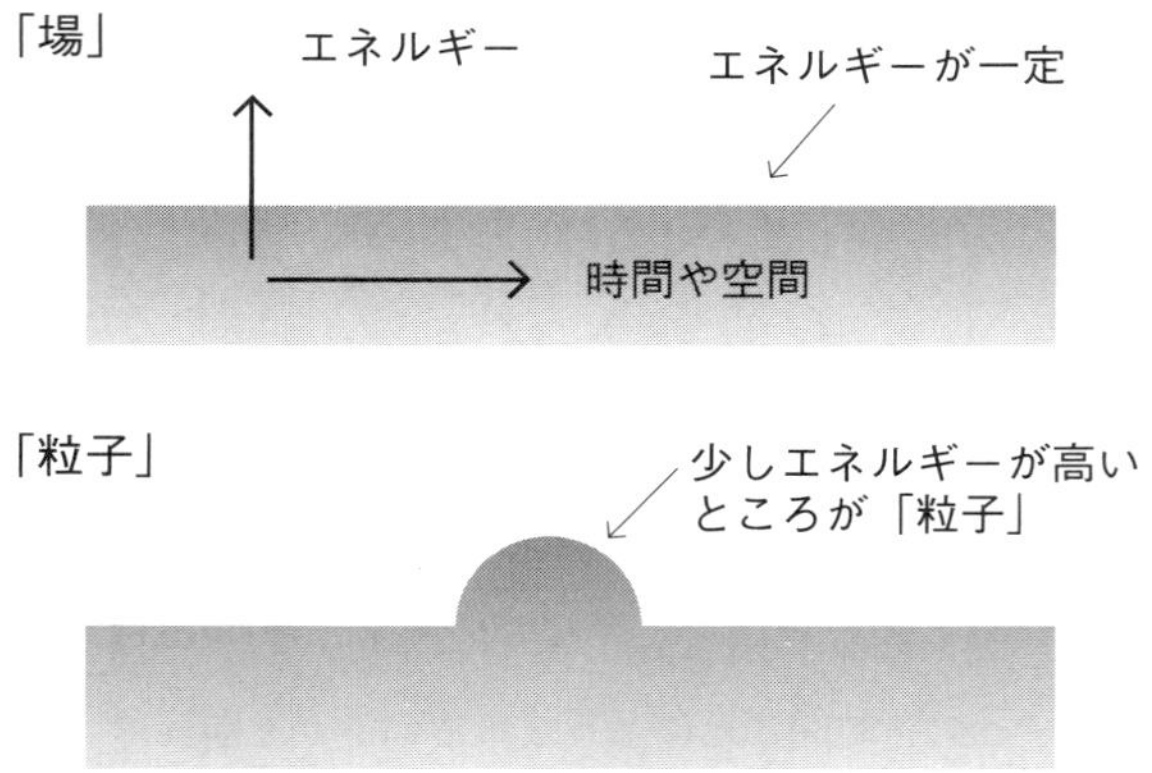

で、「場」という概念が導入されてくるわけです。

「場」というのはわかりにくい概念ですが、場と粒子の関係をイメージで描くと図24のようになります。

図の上のように、エネルギーの一定の状態のところが場になっている。そこにエネルギーを与えると、図の下の膨らみのように、少しだけエネルギーが上がります。それが、粒子になるわけです。

$E=mc^2$という式は、エネルギーが質量であることを意味しますが、まさにこの式のとおりです。エネルギーを与えると、質量として、すなわち粒子として、認識される

図25　反粒子のイメージ

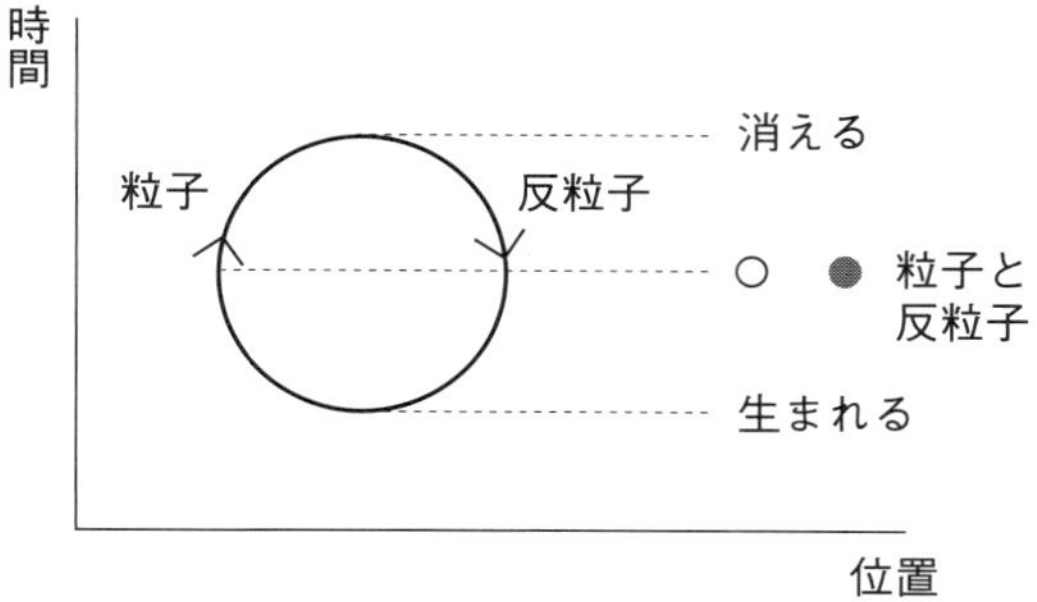

粒子と反粒子が生成・消滅する様子を「回転」のイメージで表わした図

ようになるのです。粒子が粒としてだけではなく、波の性質を持っていることもこの説明からよくわかります。

真空における粒子と反粒子の考え方としてはもうひとつ、図25のように考えることもできます。これはちょっと極端な考え方ですが、粒子と反粒子がグルッと一周回っているイメージです。

この場合もタイムスライスで見てみると、ある時突然、何もないところから粒子と反粒子が生まれては元に戻り、消えてなくなっています。だから、突然パッと生まれ、パッと消えるように見えるわけです。何もないところから粒子がふたつ現われるわけですから、不確定性原理に基づいて、粒子ふたつが存在できる時間は非常に短い時間だけです。

真空では、このように粒子と反粒子が突然パッと現われて、パッと消えるようなことが絶えず起こっています。

日本の三大随筆のひとつで鎌倉時代に書かれた作品に、鴨長明《かものちようめい》の『方丈記』がありますが、その冒頭の一節「ゆく河の流れは絶えずして、しかももとの水にあらず。よどみに浮かぶうたかたは、かつ消えかつ結びて、久しくとどまりたるためしなし」は、名文として有名です。特殊相対性理論と量子力学を合わせて考えると、真空というのはまさに、よどみに浮かぶ「泡沫《うたかた》」のごとき世界なのです。

量子力学的世界を見るにはどうすればよいか

私の説明を読んで「ホントかよ?」と思われる人も多いかもしれませんが、実際に確認することができます。

光と電子では観測されていて、それが前出の図18（103ページ）の写真です。光から電子と陽電子が飛び出している様子を示したものです。

　電子と陽電子はそれぞれ５１１ＫｅＶの質量を持っていますが、光から分かれるのであれば、それほど大きなウソにはなりません。一方、何もない真空から同じように電子と陽電子を作り出すには、エネルギー的に非常に大きなウソをつかなければならないため、大変です。

　いずれにせよ、それほど大きくなくてもウソをついていることに変わりはないですから、すぐに戻ろうとするのです。

　光は絶えず、こういうことを繰り返しながら進んでいるのですが、図18のように強い電場をかけると、電子と陽電子がプラスとマイナスにそれぞれ吸い寄せられて、戻ることができなくなります。このようにして、電子と陽電子を取り出すことができます。

　図18の写真は先にも述べたように、強い電界の中に光を入れた実験です。光から電子と陽電子が出て、その電子や陽電子からまた光が出て、光から電子と陽電子が出るというふうにネズミ算式に増える「電磁カスケードシャワー」と呼ばれる状態になっ

ているのを見ることができます。

ＬＨＣのアトラス検出器で、鉛の検出器で光を止めると言っているのがこれです。鉛は非常に電荷が大きいので、原子核の周りに電子がいっぱい回っていますから、非常に強い電場が存在しているので、こういう現象を起こしやすいのです。

もっとも、真空から粒子と反粒子をつまみ出すことは、まだ実験的には成功していません。最新のＸ線レーザーを出すＳＡＣＬＡ（サクラ）と呼ばれる光源（理化学研究所の大型放射光施設「SPring-8」の新しい光源）でも、５～６桁ぐらいエネルギーが不足しています。これらSPring-8やＳＡＣＬＡは素粒子研究のためでなく、物性や生命科学のために作られたもので、多くの成果があがっています。それを真空の研究にも応用できないかと、理研の石川先生などと考えています。

余談ですが、ＬＨＣのような大きな加速器実験も大事ですが、こうした少し変わった実験分野も「種まき」のように大切なものです。すぐ結果が出る確実な研究だけでなく、少しバクチの要素があっても将来を拓く可能性のある研究（投資）の両方が必要だからです。

後者が少なくなったことが、今の日本の社会に元気がなくなった大きな原因ではないかと思います。無駄かもしれない研究や遊び心が削られるばかりでは先細りしてしまいます。もちろん投資できるお金や人は限られていますから、そうしたものを含めた中で何が大事かを見極めていく「伯楽」がいないのが日本の問題です。行政や企業の中では「何でも一律」という言葉がよく使われますが、これが伯楽がいなくなったことの証でしょう。

こうした技術の進歩によって、いずれは、ブラックホールや真空から粒子と反粒子が生まれる電磁場の強さ（シュウィンガー極限）と言われるものも、実験できるのではないかと思っています。

これらの現象は「真空の偏極《へんきょく》」と呼ばれますが、朝永振一郎《ともながしんいちろう》先生やジュリアン・シュウィンガーらの業績です。朝永先生は1965年に、シュウィンガー、ファインマンとともにノーベル物理学賞を受賞しています。

この「真空の偏極」を扱う量子論の計算では、あらゆるものが発散（方程式を解くと無限になってしまって解を持たない）してしまうのが問題とされてきました。その矛盾が起きないように、発散する量を全部「繰り込む」、つまり数式から消してしまうことによって、無矛盾に取り扱うことができるというのが朝永先生の繰り込み理論です。「繰り込み」というと格好いいですが、基本的にはあきらめの哲学とも言えるでしょう。

ヒッグス場と宇宙のエネルギー

電子と陽電子が生まれて消えている場合、平均をとるとエネルギーはゼロです。不確定性原理に基づいて、非常に短い時間だけウソをついているだけなので、全体としては何もない状態なのです。

ところが、現在では、もう一歩思考を進めて、真空が実は「ニュートリノと似たような性質を持っている場」で満たされているのではないかと考えられているわけです。ニュートリノが唯一感じることができるのが弱い力なので、ニュートリノと似たような性質とは、弱い力を感じることができるような場ということです。

そんなことが本当に起きるのか？　と感じるかもしれませんが、思い出してほしい

図26　真空の相転移《そうてんい》

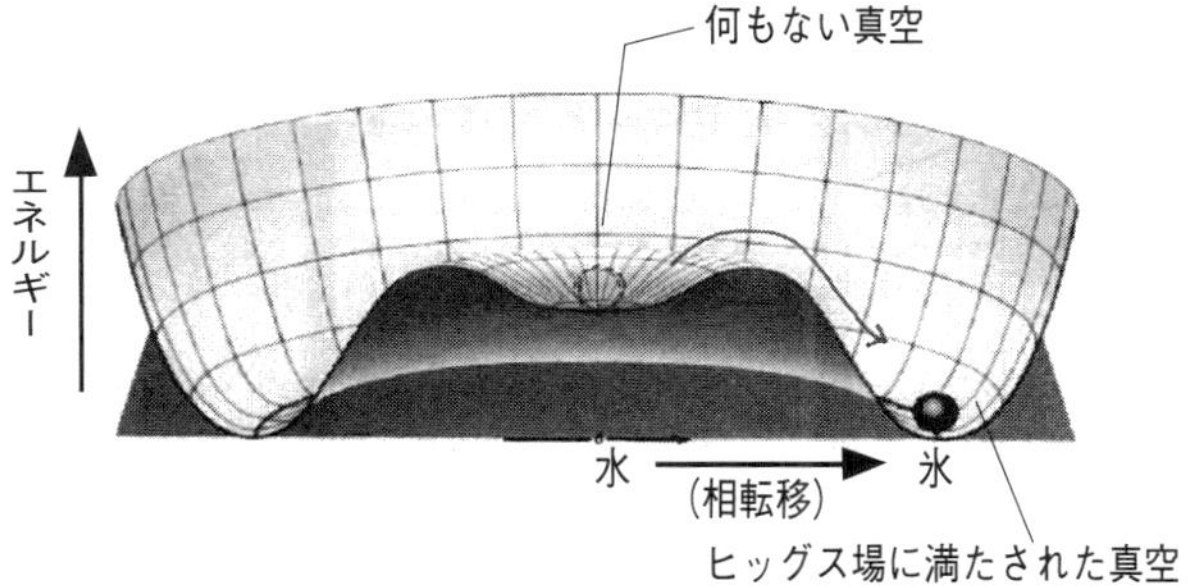

水が氷に相転移するように、何もない真空からヒッグス場に満たされた真空への相転移が起こった。これが現在の「真空」の状態。

のが南部陽一郎先生の「自発的対称性の破れ」です。

宇宙誕生直後の温度が高い頃で、エネルギーが一番低いのはヒッグス場がない時です（もっと正しく言うと、ヒッグス場の平均がゼロの時です）。

粒子があるというのは、基本的には図24のような状況をいうので、エネルギーとしては少し高くなった状態なのです。ところが、ある時、図26のように、ヒッグス場がある時の方がエネルギーが低くなってしまうことが起こります。これが「自発的対称性の破れ」です。なぜだか、理由はわかりません。

実は、「自発的対称性の破れ」にはネタ元があります。

それが超伝導の「クーパーペア」と呼ばれるものです（図27）。これは、ふたつの電子がペアを作った方が、エネルギーが低くなることをいいます。

電子はマイナスの電荷を持っており、同じ電荷を持った電子どうしは互いに反発します。

電子がある物質の中を通っていく時、その通った場所の物質内の電子は遠ざけられますから、そこはプラスになります。すると、次に他の電子が物質の中を通ろうとする際には、そのプラスになった同じ場所を行った方が、エネルギー的にお得になります。

通常、何もないところで電子と電子をくっつけると反発しますが、このように金属などの物質の中では、電子が同じ所をつながって通る、つまりペアになるのです。これが「クーパーペア」と呼ばれるものです。

ところが、クーパーペアは電子ふたつですから、電荷はマイナス2となります。そのため、一番エネルギーの低い状態が電荷を持った状態になっています（通常、エネ

図27　超伝導のクーパーペア

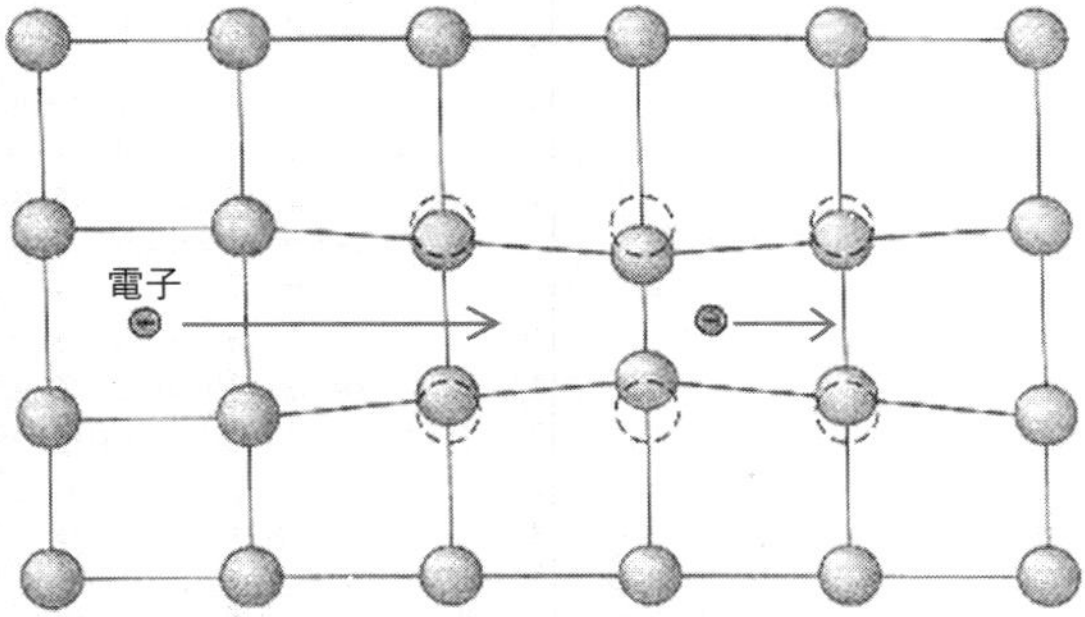

通常、電子どうしは反発するが、超伝導の物質の中では同じ場所を通る（＝ペアを作る）。

Meissner effect ©Mai-Linh Doan

「マイスナー効果」の例。超伝導体の物質の中には磁場が侵入できないため、磁石と反発しあう。

ルギーが低い状態の物質は中性）。このため、このような特殊な状況下では超伝導状態となります。超伝導の物質の中には磁場が進入できません。そのため、磁石の上に超伝導体をのせると浮きます（図27写真）。これが「マイスナー効果」と呼ばれるものです。

先に述べたように、電磁気力は光（光子）によって伝えられますから、超伝導の中には光も進入できないことになります。光が止められるということは、質量を持つということと同じ意味ですから、こうした状況下では光も質量を持ってしまうのです。

このクーパーペアのアナロジーで、ヒッグス粒子があった方がエネルギーが低くなる状態ができてしまったと仮定するのです。もし、こういうことが起こるとすると、図26のように、自然はエネルギーの低いところに落ちてきます。

ヒッグス粒子の方は、普通の電荷ではなく弱い力の電荷を持っているので、弱い力のマイスナー効果が起こっています。

そしてこれが、「自発的対称性の破れ」なのです。自発的というのは自然に起こるということです。水が氷になるのを「相転移《そうてんい》」と言いますが、真空でもこの相転移が起こるわけです。

図28 「自発的対称性の破れ」のイメージ

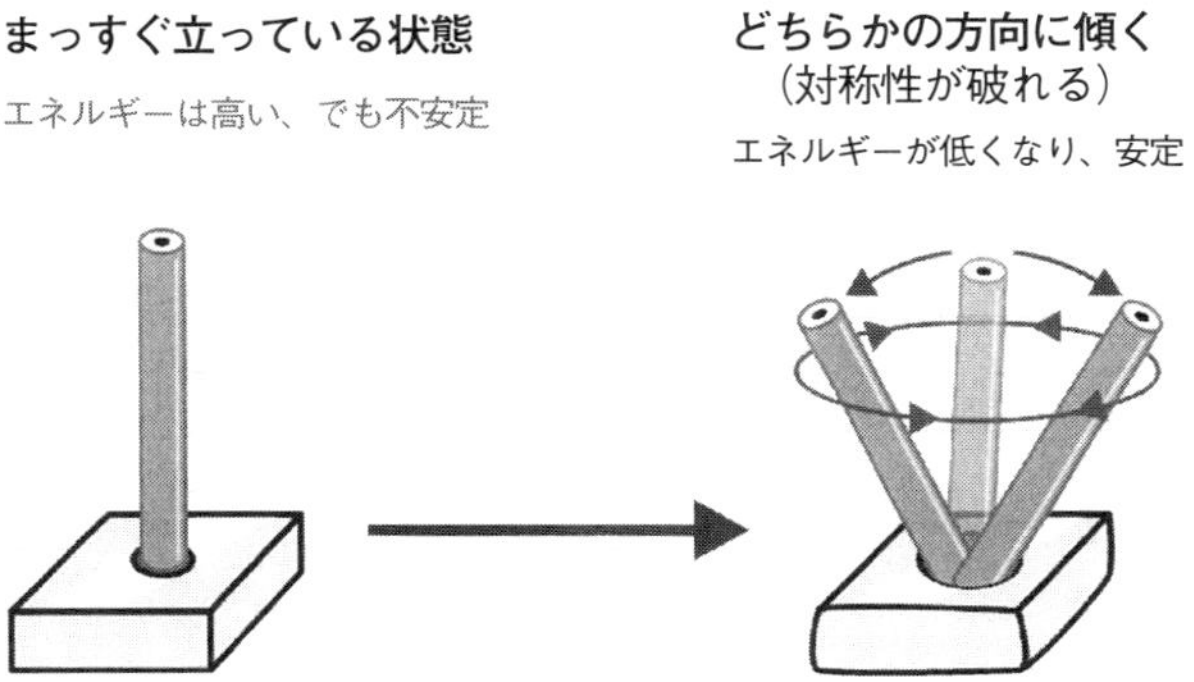
まっすぐ立っている状態
エネルギーは高い、でも不安定
どちらかの方向に傾く
(対称性が破れる)
エネルギーが低くなり、安定

提供　秋本祐希氏（東京大学）

自発的対称性の破れのたとえとしてよく言われるのが、図28の鉛筆のイメージです。まっすぐ立っている方がエネルギーは高いですが、方向に対して対称で、不安定です。一方、傾けて倒してしまうと、エネルギーとしては低くなっているけれど、どちらかの方向を選んでしまっているため、方向に対する対称性は破れています。

こういう状態が自発的対称性の破れです。

南部先生のスゴイところは、超伝導の中で起きる「変な出来事」を宇宙全体の話に適用した思考の飛躍にあります。とはいえ、この「変な出来事」自体はすでに知られていたことなので、科学の独創とは、何もないところから新たなアイデアが生まれるわけではなく、必ず先人の知恵が活かされています。アインシュタインの相対論も多くの先人のアイデアの上に組み上げられています。

私も、学生にはいろいろ（一見関係のないことも）勉強して、それらを組み合わせて遊んでみるように言っています。二言目には「それは役に立ちますか？」と、すぐに役に立つか否かで勉強するかどうかを判断する学生もいますが、「役に立たない勉強はない」と説教する理由はここにあります。

宇宙誕生直後に温度が下がって、平均してゼロになった時に何かが起こった。何が起こったかというと、それまで何もなかった真空がヒッグス場に満たされ、エネルギーが低くなったのです。

だから、平均したら何もないのではなく、ヒッグス場があった方が、エネルギーが低くなります。自然は、エネルギーが低い方を選ぶので、この状態が真空の環境になったわけです。

すると、このような真空ではどのようなことが起こるでしょうか？

力を伝える素粒子に、弱い力を伝えるW粒子とZ粒子、強い力を伝えるグルーオン、そして電磁気力を伝える光（光子）があることはすでにお話ししました。我々の住んでいる環境（＝真空）は、弱い力に満たされている変な状態なので、W粒子・Z粒子が質量を持っているわけです（超伝導の中で、光が質量を持ってしまうのと同じ考え方です）。

だから、素粒子は今でも性質として質量がゼロです。しかし、真空という環境が変わったために、その中を運動していると質量を持ったように見えているのです。

では、それぞれの素粒子の質量の違いはどうして生まれるのでしょうか。

真空がヒッグス場に満たされ、ヒッグス粒子みたいなのがいっぱいいるわけだから、運動していくとぶつかります。

トップクォークは非常によくヒッグス粒子とくっつくので、何度もぶつかって進んでいかなくなります。電子はたまにぶつかるだけなので、そんなに減速されません。ニュートリノはほとんどぶつからないので、そのままスーッと通り抜けていきます。

このぶつかる度合いが、質量の違いとして現われています。

真空はとても忙しく働いている

しかし、このように物質が質量を持ってしまうと、実は困ったことになってしまうのです。その問題を解決するために、真空はものすごく忙しく働いているのです。次に、このことを見ていきます。

そのために、まず、この世の中の物質には「右巻き」と「左巻き」があることについて説明しましょう。何が右巻き、左巻きなのかというと、先にも触れた「スピン」というものです。

スピンというのは超対称性を考える時に非常に大切な概念で、一言でいえば自転のような性質の運動量です。よく出される例に、フィギュアスケートのスピンがあります。片足を上げて手で支え、クルクルと回る演技で、腕をV字のように高く上げると角運動量（回転するものの運動量）との関係で回転速度が速くなり、腕を下げると遅くなります。

図 29　右巻き・左巻きとは何か

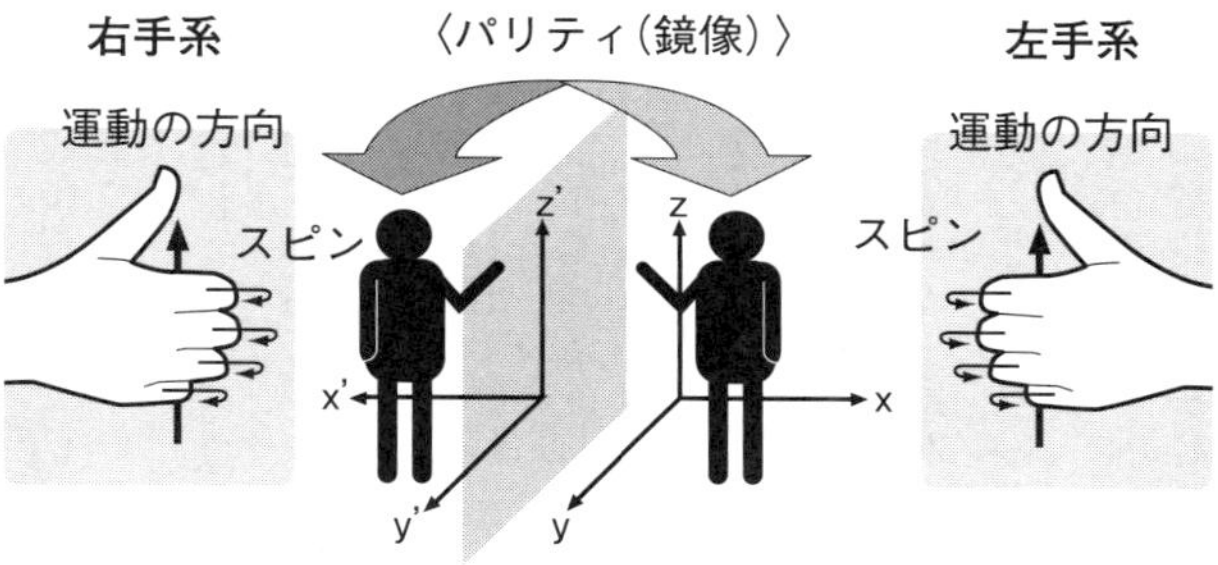

右巻きと左巻きは、鏡に映した関係にある。

右巻き・左巻きというのはスピンの向きですが、この向きを考えるには、手を使って考えるのがわかりやすいでしょう（図29）。

右手の親指だけを伸ばし、残りの4本の指を握った時、親指が指すのが運動の方向、残りの指の指すのがスピンの方向で、右手の場合を右巻きと言います。同じように、左手の親指だけを伸ばし、残りの4本の指を握った時、親指の指し示す方向と、残り4本の指の向きが右手の場合と逆の関係になっています。これを左巻きと言います。

右とか左とかは人間が適当に付けたもの

ですが、この右巻きと左巻きの関係は、実は鏡に映した時の関係なのです。このふたつの関係は、「パリティ(鏡像)」と呼ばれていました。1950年代までは、物理法則が鏡に対して変わるはずがないだろうとみんな思っていました。ところが、弱い力、弱い相互作用については、右手系と左手系で区別されていたのです。

アメリカで活躍していた中国人のリー・ツンダオ(李政道)とヤン・チェンニン(楊振寧)が1956年に「素粒子の弱い相互作用においてパリティが保存されない」という革新的な理論を提示し、翌年にアメリカの女性実験物理学者のウー・チェンシュン(呉健雄)が実証しました。この功績で、リーとヤンは1957年にノーベル物理学賞を受賞しています。

弱い相互作用の電荷は、スピンが左巻きの素粒子にしかないので、弱い力は左巻きにしか働きません。だから、ニュートリノは左巻きにしかくっつかないのです。強い力や電磁気力など残りの力はどれも右手系と左手系を区別しないのですが、弱い力だけは区別している。

こうやって見てくると、右巻きの状態というのは、弱い相互作用の電荷を持ってい

図30　右巻きが左巻きに入れ替わる

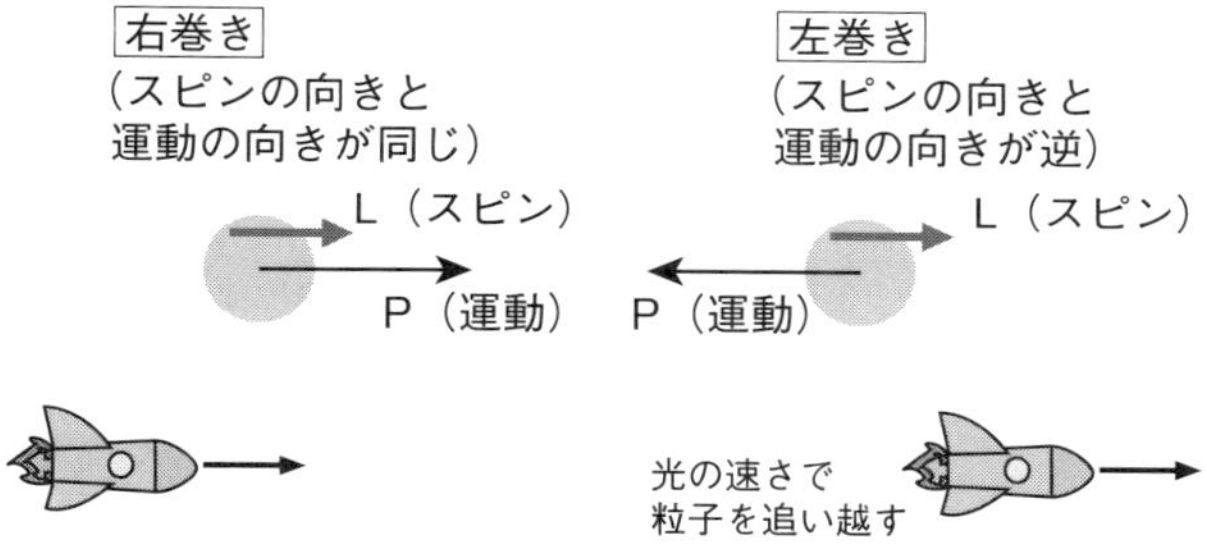

質量がある素粒子は光速で運動することはできないので、光速で運動している人は追い抜くことができる。するとスピンの向きは変わらないので、運動の方向だけが逆になる。つまり、右巻きから左巻きへと入れ替わってしまう。

ない状態で、弱い力を感じないのです。次に話すように、質量があるということは、ある瞬間には弱い相互作用の電荷を持っているし、ある瞬間には弱い相互作用の電荷を持っていないことになります。

不思議なことに、なぜかはわかりませんが、世の中には左巻きの物が多いのです。誰が最初に言ったのか知りませんが、「神様は左利き」と言われています。たとえば、生命のアミノ酸の構造は左巻きですし、ニュートリノも左巻きです。

左巻きと右巻きが入れ替わるという大問題

さて、そこで素粒子が質量を持つと困っ

てしまうという問題です。

これはどういうことかというと、図30のようにニュートリノがPの方向に走っているとします。Pが運動の方向で、Lがスピンです。物質を形作っている素粒子（ここではニュートリノとしましょう）はスピンを持っていますが、スピンの向きは先ほど述べたように左巻きです。

質量があるということは、光のスピードより必ず遅くなります。だから、光のスピードで運動している人から見ると、ニュートリノを追い越す前と追い越した後で、スピンの向きは変わりませんが、運動の方向が逆になります。

追い越す前に近づいていたニュートリノが、追い越した後には遠ざかっていくので、運動量の方向が逆に見えるのです。ということは、光のスピードで追い越すと、左巻きだったニュートリノのスピンが右巻きになってしまうわけです。

この「光のスピードで追い越す」ことを「ローレンツ変換」と呼んでいます。自然界では最初から左巻きか右巻きかが決まっていて、勝手に変えてはいけません。このことを私たち物理学者の言葉では「カイラル対称性」と言います。

図31　真空と粒子のやりとり

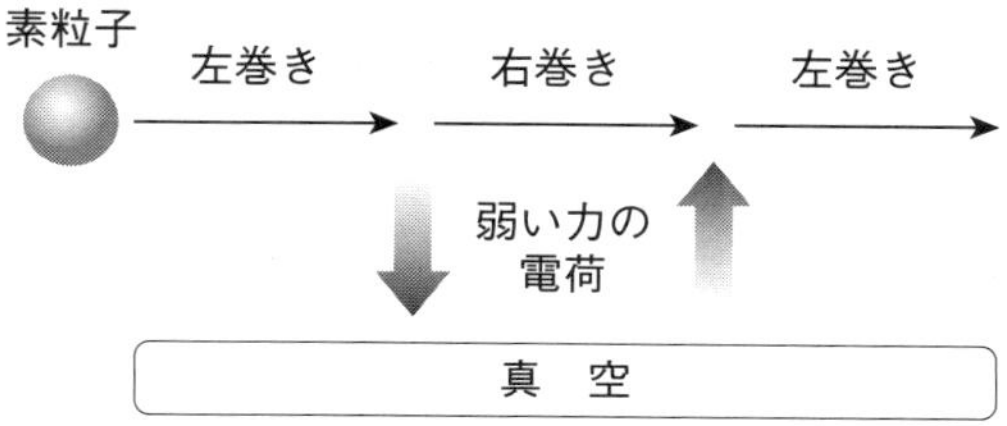

素粒子は真空から「弱い力の電荷」をもらったり、逆にあげたりすることで、右巻きと左巻きが入れ替わる。

にもかかわらず、素粒子に質量があると、ローレンツ変換によって左巻きになったり右巻きになったりするため、困ってしまうわけです。これが素粒子の質量が抱える問題のひとつです。

ここではニュートリノを例にとりましたが、他のクォークやレプトンと呼ばれる物質を形作るすべての素粒子に共通の話です。

左巻きの素粒子はW粒子やZ粒子とくっつきますけれど、右巻きの素粒子は（弱い力を感じることができないため）くっつきません。だから、左巻きと右巻きの素粒子は同じもののように思われますが、実はまったく違う「赤の他人」なのです。質量があるから、そのふたつが初めて混ざって、あたかもひとつの素粒子であるかのように見えるわけです。

実は、真空というのは、左巻きの素粒子が飛んでいるとその性質を引き取って、代わりに右巻きの性質を与えています。だから、素粒子の左巻きと右巻きを絶えず入れ替えるという、ものすごく大変な作業をやっているのが真空なのです（図31）。

これは、言い換えれば、弱い相互作用の電荷をもらったりあげたりしているのです。真空は弱い相互作用の電荷の満ちた変な状態なので、バッファーになっているわけです。

左巻きの素粒子は弱い相互作用を感じますが、右巻きの素粒子は弱い相互作用を感じません。ところが、質量があるとこのふたつが混ざってしまうので、真空が左巻きの素粒子から弱い相互作用の電荷をもらって、弱い相互作用を感じない右巻き素粒子に変えている、つまりヒッグス場とフェルミ粒子の相互作用を行なっているわけです。

パリティの破れ自体も不思議ですが、ヒッグス粒子がフェルミ粒子と弱い相互作用の電荷をやりとりして、右巻きと左巻きが入れ替わっているという真空の仕組みも大変不思議です。

ニュートリノも同じように弱い相互作用だけを感じる粒子です。ニュートリノは、他のレプトンやクォークとはだいぶ異なる性質を持っています。一方、ヒッグス粒子もニュートリノとスピンなどはまったく異なりますが、弱い相互作用を感じます。ここに何らかの関連があるのかどうか、これはまだわかっていませんが、今後の課題としてとても興味をそそられるところです。

ヒッグス場からヒッグス粒子を取り出す

では、ヒッグス場からヒッグス粒子をどうやって取り出すか、考えてみましょう。

図32は、ヒッグス場に満たされた真空になっています。そこに陽子と陽子が反対方向から猛スピードでやってきて、ぶつかります。陽子がぶつかるといっても、陽子は素粒子ではないので、その中のクォークやグルーオンといった素粒子が衝突するのです。

図32　ヒッグス場からヒッグス粒子を取り出す

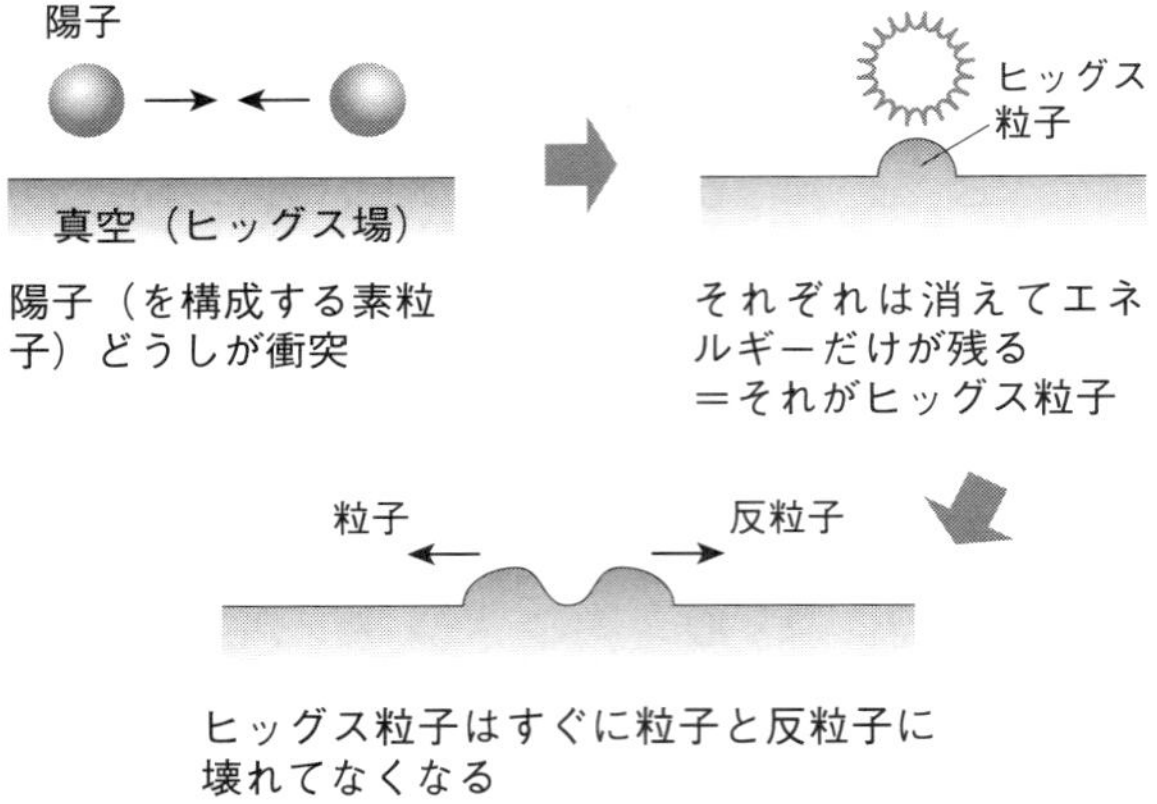
陽子
真空（ヒッグス場）
陽子（を構成する素粒子）どうしが衝突
ヒッグス粒子
それぞれは消えてエネルギーだけが残る
＝それがヒッグス粒子
粒子
反粒子
ヒッグス粒子はすぐに粒子と反粒子に壊れてなくなる

そうすると、それぞれが消えてなくなり、エネルギーだけが残ります。エネルギーが少しだけ高い状態が粒子ですから、真空にエネルギーが与えられた時、ヒッグス場にヒッグス粒子ができます（128ページ図24参照）。

ところが、ヒッグス粒子というのは、10のマイナス21乗秒ぐらいの非常に短い時間だけしか存在できず、すぐに他の素粒子に転化し、壊れていきます。だから、とても不安定な状態で、イメージとしてはヒッグス場からつり上がっている状態からすぐに落ちる感じです。ただ、落ちた時に必ずエネルギーを出さなければならないので、エ

図33　ヒッグス粒子の崩壊

ヒッグス粒子は短い時間しか存在できず、次のような別の素粒子となって壊れる。グラフはそれぞれの壊れやすさを表したもの。

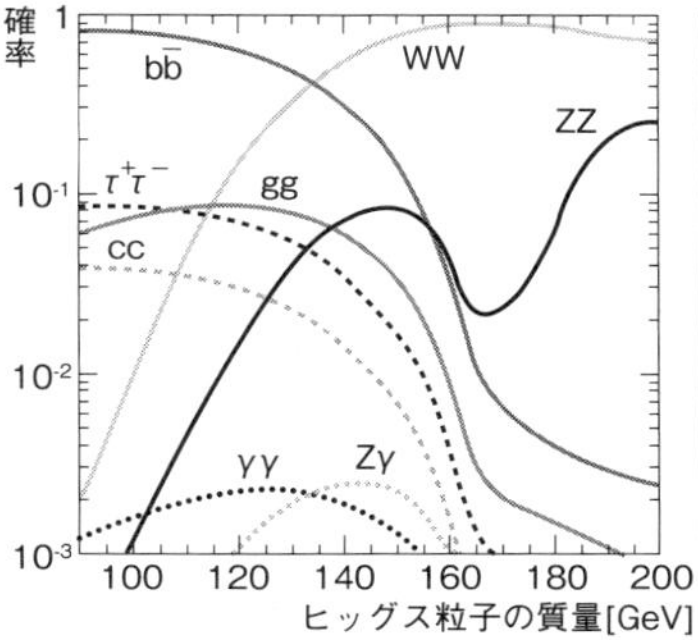

ヒッグス粒子の壊れ方

$b\bar{b}$（ボトムクォーク）
WW（W粒子）
gg（グルーオン）
$\tau^+\tau^-$（タウニュートリノ）
cc（チャームクォーク）
ZZ（Z粒子）
γγ（光子）

ネルギーを持っていく粒子と反粒子を出して、消えてなくなるわけです。

どういう素粒子を出すかは、ヒッグス粒子とどのくらいくっつきやすいかと関連しています。図33を見てください。

ヒッグス粒子の質量が125～126GeV付近だとすると、$b\bar{b}$（ボトムクォーク）、WW（W粒子）、gg（グルーオン）、$\tau^+\tau^-$（タウニュートリノ）、cc（チャームクォーク）、ZZ（Z粒子）、γγ（光子）の順に崩壊する比率が高くなっています。ヒッグス粒子とのくっつきやすさは重さにより、重たい素粒子ほどよくくっつき、軽い素粒子はめったにくっつきません。

図34　ヒッグス粒子を見つける方法

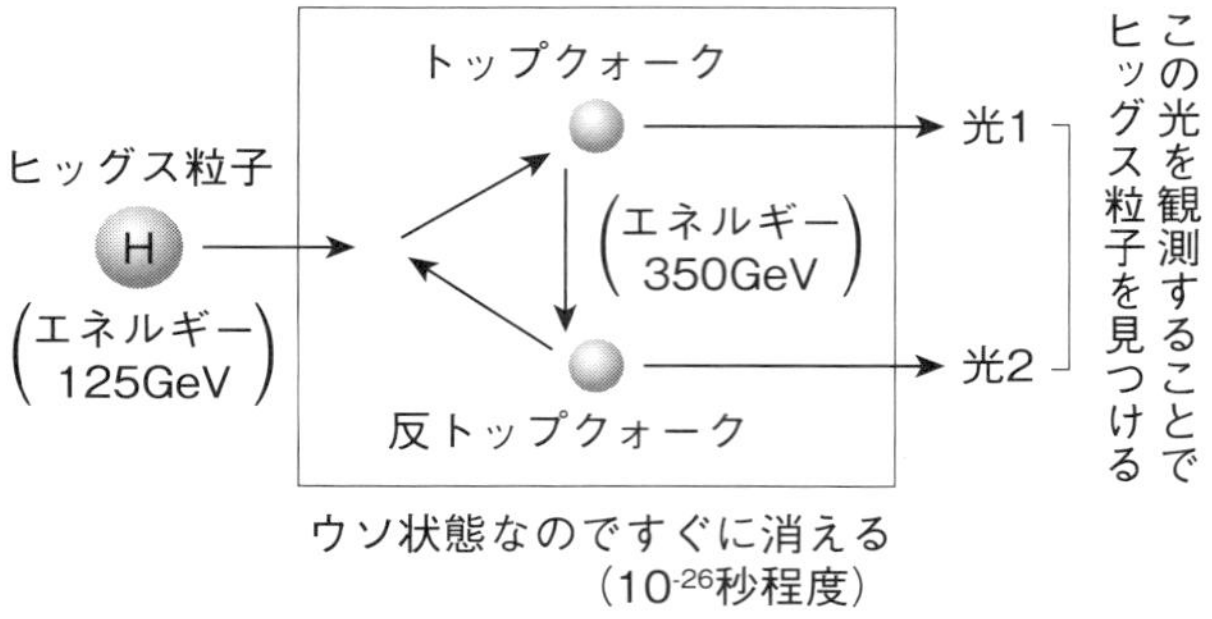

重たい素粒子は何かというと、トップクォークやW粒子それにZ粒子です。このうち、トップクォークは一番重い素粒子で173GeVですから、ペアだと最低350GeVになります。ところが、ヒッグス粒子が125〜126GeVだとすると、125〜126GeVのヒッグス粒子が350GeVのトップペアに壊れるわけですから、不確定性原理によって、ものすごくウソをついた状態になって非常に短い時間で消えてなくなってしまいます。

図34のように、だいたい10のマイナス26乗秒程度のスケールしか存在できません。トップクォークは電荷を持っているので、

図 35　アトラス検出器で観測されたヒッグス粒子の崩壊

写真提供 CERN アトラス実験グループ

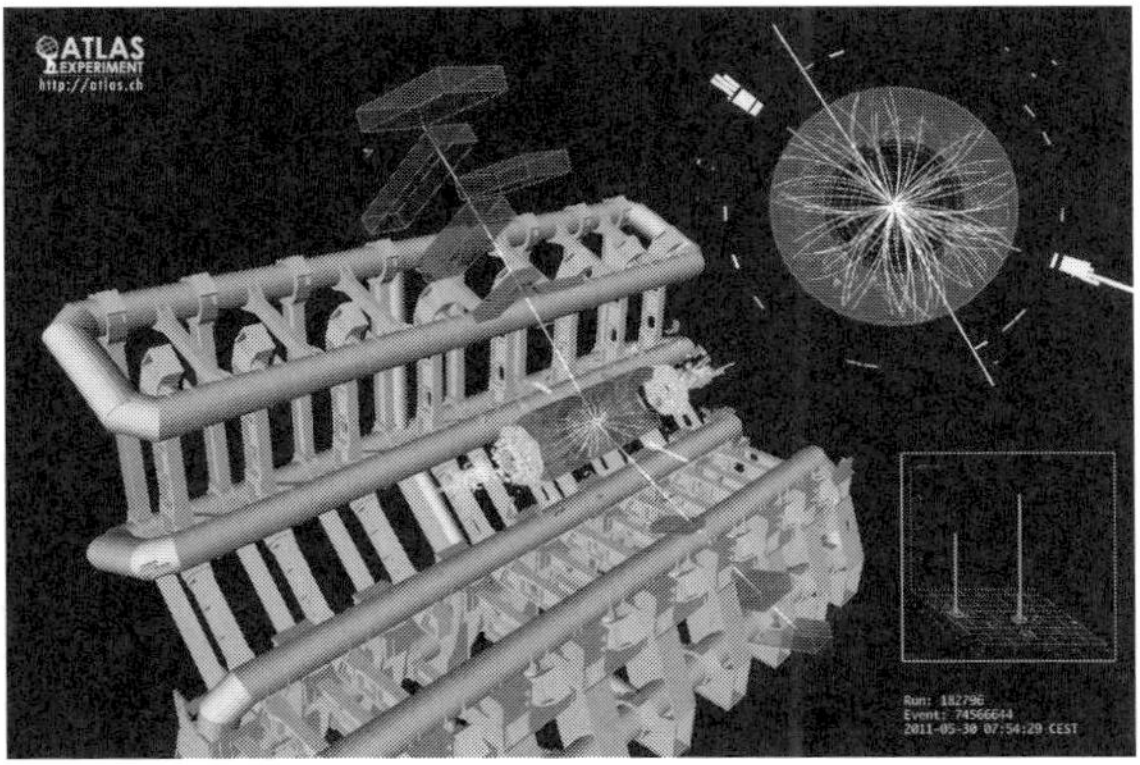

光とくっついて出てくるため、ヒッグス粒子があたかもふたつの光に壊れているように見えるわけです。

第2章で説明したとおり、これを観測しているのが私たちが行なっているCERNのLHC実験です。

ヒッグス粒子とくっつくということは質量があるということです。光には質量がありませんから、ヒッグス粒子とはくっつきませんが、トップクォークの状態が間に入って、光に壊れることができるのです。ただし、その数は非常に少ないです。

LHCの実験では、$\gamma\gamma$、ZZ、WW、$\tau^+\tau^-$、$b\bar{b}$の5つがよく見えるチャ

ンネルで、とくに$\gamma\gamma$、ＺＺ、ＷＷの３つがよく見えています。$\tau^+\tau^-$、$b\bar{b}$のふたつはエネルギーの測定精度が悪いのでもう少し時間がかかりそうですが、おそらく２０１２年中には見えるのではないかと思われます。

アトラス検出器で実際に測定された様子を表わしたのが図35です。Ｚ粒子とＺの反粒子に壊れますが、Ｚの反粒子はＺ粒子と同じなので、Ｚがペアで壊れているようなものです。Ｚ粒子はさらにふたつのレプトンに壊れますが、このケースは電子のペアとミューオンのペアに壊れたものです。これは非常にきれいでバックグラウンドも少なく、光ふたつとならんで２０１１年12月の段階で見えはじめていました。

Ｗ粒子の場合はＷプラスの反粒子はＷマイナスなので、ＷプラスとＷマイナスに壊れます。Ｗ粒子もさらにレプトンに壊れますが、Ｚ粒子の場合とは違って、レプトンふたつとニュートリノに壊れます。

バックグラウンドの問題があるので時間はかかりましたが、２０１２年の7月にはようやく見えました。

この複雑で豊かな社会を生み出した真空

第3章の最後に、真空の選り好みによって、この多様な世界ができていることについて説明したいと思います。

前にも述べたように、宇宙の初期に南部陽一郎先生の提唱した「自発的に対称性が破れた」真空への変化（相転移）が起こったと考えられます。

図36で考えると、ボールが真ん中に納まっている安定した状態では、ヒッグス場は平均的にはゼロで、光と弱い力を伝える素粒子とは区別がつかない状態です。素粒子に質量がないので、たとえば電子とミュー粒子を区別する方法もありません。

ところが、ボールが脇に落ちてくると、真空に弱い力の電荷が満ちたような世界になります。そこで、光と弱い力を伝える素粒子とを区別できるようになります。

素粒子が質量を持って止まることができるようになるので、この多様な世界が生まれたのです。この変化が起きたのが、宇宙の誕生からだいたい10のマイナス10乗秒後ぐらいの時だと思われます。

実は、宇宙の誕生から10のマイナス34乗秒後、ビッグバンが起きた時にも、同じことが起きたのではないかと考えられています。

この時にも、性質が違う〝別の〟ヒッグス粒子が存在していたと考えられます。これより以前は、重力以外の3つの力、つまり電磁気力と強い力と弱い力は分かれておらず、ひとつの力だったと考えられます。クォークやレプトンの区別もありませんでした。

ところが、ボールが脇に落ちると、重力以外の力が3つの力に分かれ、力を伝えているグルーオンや光、Z粒子やW粒子というように素粒子が分かれましたが、実はこれらを分けたのも真空の働きだったというわけです。

つまり、真空はいろいろな素粒子を分ける役目をしているのです。たとえば、水素原子が限りなく電気的に中性だということは、クォークの電荷と電子の電荷に関係があることを示しています。すなわち、もともと同じものだったクォークと電子が、環境（＝真空）のせいで、違うように見えていると考えるのです。

こんなことをどうして証明するの？　と思われるかもしれません。物理学は実験で証明されてナンボの学問です。実験に裏付けされないようなことは物理ではありませ

図36　すべては真空から生まれた

〈宇宙誕生から10^{-10}秒後〉

素粒子の質量がない状態
光と弱い力を伝える粒子の区別がない

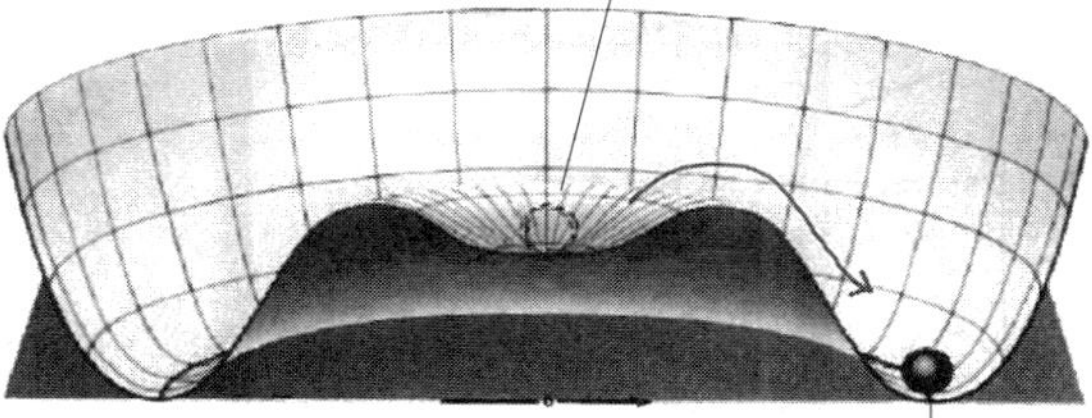

素粒子が質量を持ち、素粒子が止まることができるようになって多様な世界が生まれた。

〈宇宙誕生から10^{-34}秒後（ビッグバン時）〉

重力以外の力がひとつで、
クォークとレプトンの区別もない

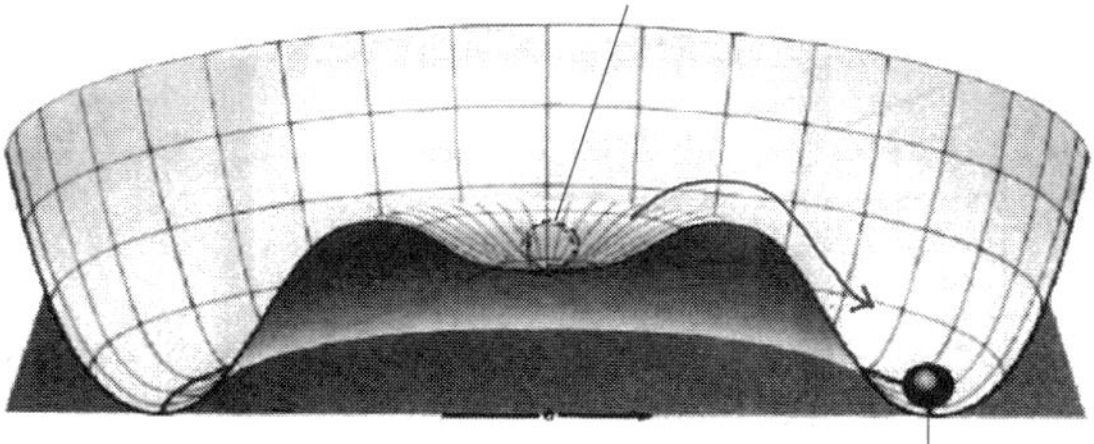

重力以外の3つの力（電磁気力、強い力、弱い力）に分かれ、クォークとレプトンの区別ができるようになる。

ん。

この場合、もしクォークと電子が同じものだったとすると、陽子（クォーク）が壊れて陽電子と別の何かになります。これが陽子崩壊と呼ばれる現象です。このクォークと電子を分ける役割をするヒッグスは、今話題のヒッグス粒子より14桁も重いので直接見えませんが、ここでも量子力学が登場します。14桁も重いヒッグス粒子を含むウソの状態が、きわめて短い時間（通常のヒッグス粒子より14桁短くなる）存在します。きわめて稀ですが、この反応は起こるので、観測が可能だと考えられます。

実は、ニュートリノの観測で有名になったスーパーカミオカンデや前身のカミオカンデは、この陽子崩壊を観測することが主目的でした。今のところ、それはできていませんが、こうした施設をさらに大型化することができれば、陽子崩壊の観測も可能ではないかと期待しています。

真空のエネルギーが高いところから低いところに移っていますが、エネルギーが少し高い状態にあって不安定だったから、インフレーションが起きたのではないか。そして、ボールがコロコロと落ちた時に放出したエネルギーがビッグバンを引き起こしたのではないかと考えられています。

だから、性質は違いますが、この最初のヒッグス場がなければ、インフレーションもビッグバンも起きず、4つの力が分かれておらず、クォークやレプトンの区別もないきわめて単調で面白くない世界になっていたことでしょう。もちろん、私たち人間や、太陽や地球といった天体も存在しなかったはずです。

さらなる謎の世界

こうやって、私たちが今、複雑で豊かな世界で生きているのも、宇宙誕生直後にきれいな状態から汚い状態へと環境が変化したからです。

図36でボールが納まっている山がありますが、この山の形がインフレーションをどう終わらせるかという難しい問題のポイントになっています。

ボールが山の上にあって安定していると、そこにずっといてもいいかという気がします。そうすると、インフレーションがいつまでも終わりません。かといって、急に落としてしまうと、インフレーションがものすごく不安定で終わってしまいます。

ボールが落ちるような環境の変化が、宇宙誕生から10のマイナス34乗秒後と10のマイナス10乗秒後の2回起こっているのですが、これは階層構造といって不自然で、よくわからない現象です。

しかも、エネルギースケールが桁違いです。10のマイナス34乗秒後では10の16乗GeVから10の19乗GeVのスケールなのに対し、10のマイナス10乗秒後では10の2乗GeVだから、14桁も違います。14桁も違うふたつのことが起こること自体が不自然であり、ヒッグス粒子の質量が不安定になる一因にもなっています。

ヒッグス粒子は、10のマイナス10乗秒後の2回目のエネルギーの変化の時に質量を持つのですが、10のマイナス34乗秒後の1回目のエネルギー変化の影響も受けているはずです。おそらくものすごく重くなるはずでしたが、それが重くなっていないのはなぜかということがわかっておらず、私たち研究者も困っているところです。

それが実は、現在の標準理論を補足するための超対称性や余剰次元の話につながっていくのです。次章では、この超対称性理論や余剰次元という物理学の新たな可能性について見ていくことにしましょう。

第4章

「粒《つぶ》」の科学から「容《い》れ物《もの》」の科学へ

――素粒子物理学の未来

ヒッグス粒子の発見で素粒子研究は終わるか？

２０１２年7月に発見が発表された素粒子が、おそらく２０１２年中にヒッグス粒子と断定されると思われますが、では、ヒッグス粒子が見つかることはどういう意味を持つのでしょうか。

ひとつは、質量の起源が解明されるということです。

ヒッグス場は質量の起源ですから、ヒッグス粒子の発見は質量の起源の解明につながります。もしヒッグス場がなかったら、質量もなく、すべての物質は止まることもできないので、本当につまらない宇宙しかできていません。

質量があるからこそ、この多様な宇宙が作られ、私がいてあなたがいるわけです。この多様な宇宙を作った源《みなもと》がヒッグス粒子だと考えてもらって構いません。そういう意味で、「神の素粒子」と呼ばれているのです。

これで、素粒子物理学の標準モデルで存在するとされる17種類の素粒子のうち、実験で確認されていなかった最後のひとつが見つかりました。しかし、質量の起源が解明されて素粒子の標準モデルが完成し、これで素粒子の研究が一段落するのかといったら、まったくそうではないのです。

たとえば、同じレプトンに属する素粒子でも電子の質量511KeVに対して、ミュー粒子がなぜ200倍もあるのか、まったく説明できません。質量の起源がわかったといっても、物理のほんの一端が見えたにすぎません。

ふたつめに、ヒッグス粒子が見つかることのより重要な意味は、素粒子論のパラダイムシフトです。

素粒子には、物質を形作っているクォークやレプトンなどの素粒子と、力を伝えているゲージ粒子の2種類あると考えられていましたが、実はそれらとヒッグス粒子は大きく異なります。これらの粒子を全部取り囲む「容れ物」として質量を生み出している素粒子が見つかったことで、粒子だけでなく、真空を含めた「容れ物」の物理が今から非常に重要になってくるだろうということです。

3つめは、新しい物理法則があることの非常に強い示唆になっているということです。ヒッグス粒子も量子力学にしたがい、仮想的な状態を経て、またヒッグス粒子に戻りますが、ヒッグス粒子の質量がものすごく不安定であるために、現在観測しているよりも、もっと重くなるはずなのです。

ヒッグス粒子が質量を持ったのは、宇宙の誕生から10のマイナス10乗秒後ぐらいで、エネルギーの大きさでいうと100GeV、長さのスケールではだいたい10のマイナス17乗メートルです。だから、原子核の1000分の1とか、1000分の1とかの距離になります。それに比べて、重力以外の3つの力が分かれた時の1回目のインフレーション後の相転移では、エネルギーの大きさが10の16乗から19乗GeVと桁違いに大きく、長さは10のマイナス34乗メートルとなっています。

この2回の相転移のエネルギーの大きさがなぜこんなに違うのか？　実はこれによってヒッグス粒子の質量を計算することができるのです。

量子力学を考えると、1回目のインフレーション後の効果も効いているはずで、非常に高いエネルギー状態（ウソの状態）が寄与しますから、ヒッグス粒子の質量が現在考えられているように、126GeVなんていう軽い値になるはずがないわけです。

ということは、もし126GeV付近でヒッグス粒子が見つかったとすると、これはヒッグス粒子の質量を軽くさせるための何か新しいメカニズム（新しい粒子）があることの示唆になります。そのメカニズムというのはヒッグス粒子の質量からそんなに離れたところではなくて、比較的近いところにあると考えられます。

だから、ヒッグス粒子が見つかって標準モデルができたから、これで素粒子物理学はおしまいですかといったら、そうではありません。むしろ、これから新しい物理学が始まることの非常に強い示唆になっているのです。

超対称性（スーパーシンメトリー）理論

では、新しい物理法則とは何か。その非常に強い可能性のひとつが、超対称性（スーパーシンメトリー）理論です。

素粒子には物質を形作っているクォークやレプトンなどと、力を伝えているゲージ粒子の2種類がありますが、実は性質がまったく違います。クォークやレプトンはスピンが2分の1、ゲージ粒子はスピン1、そしてヒッグス粒子はスピン0です。

スピンというのは何か。前章で説明したように自転のような性質ですが、素粒子と空間を結び付けているものなのです。素粒子のスピンもイメージとしては似たようなものですが、素粒子はそもそもの定義によって大きさがありません。大きさのない物がグルグル回ったところで、角運動量は生じないので、その点がまったく異なります。

スピンというのは、素粒子がこの空間をどんなふうに認知しているかを示すものです。

クォークやレプトンはスピンの大きさが2分の1ですが、これはグルッと一回転するとポジとネガが逆になります。だから、同じ素粒子が同じ状態に入ることはできません。これが「パウリの排他律」と呼ばれているものです。スピン2分の1の素粒子には、この世の中が720度に見えているのです。

光はスピン1で、グルッと一周すると元に戻ります。この世の中が360度に見えています。私たちは光で世界を見ていますから、360度の世界なのです。

普通の感覚ではグルッと一周すると元の世界に戻ります。スピン1やスピン0の粒子の場合、グルッと一周すると元の世界に戻るのです。ところが、スピン2分の1の粒子の場合、グルッと一周して回ると、ちょうどネガとポジが反転したように、プラスとマイナスがひっくり返っているように見えるのです。2回転して初めて元の世界に戻ります。このように素粒子と空間を結びつけています。

これらスピンの異なる粒子があるわけですが、超対称性というのはスピンの違いをなくして、まとめて扱いましょうということです。だから、素粒子とスピンが2分の1だけ違う超対称性粒子が必ず対になって存在しているのが、超対称性の特徴です。スピン2分の1の粒子に対してはスピン0の粒子を対応づけ、スピン1や0の粒子にはスピン2分の1の粒子を対応づけるわけです。

後で説明しますが、フェルミオンに対してはボソンが、ボソンに対してはフェルミオンが必ず対応するようになっています。スピンをずらすというところがピンとこないかもしれませんが、スピンとは空間の見え方を示すものですから、これは実は、「素粒子と時空を結びつける」まったく新しい概念なのです。

超対称性のアイデアは、宇宙全体の約25％を占めるとされる暗黒物質（ダークマター）を説明できる可能性がある最有力候補になっていますし、力の大統一、つまり電

図 37　超対称性粒子の痕跡は、こんなふうに見える

写真提供 CERN アトラス実験グループ

磁気力と強い力、それに弱い力の3つの力が実はひとつであったことを証明できる可能性も持っています。

さらに、時空の代表というと、アインシュタインの一般相対性理論です。一方、素粒子の代表というと、量子力学です。この一般相対性理論と量子力学は20世紀物理学の2大理論ですが、このふたつは本当に仲が悪くて、いつまで経っても相性が悪いままになっています。というのも、ふたつをどうやって結び付けていいか、わからないのです。

だから、超対称性の理論がこのふたつを結び付ける新しい架け橋になるのではない

かということも期待されているわけです。このため、超対称性理論の証明は、ヒッグス粒子の発見と並ぶLHCの主要なプロジェクトとなっています。

超対称性粒子は、LHCではどんなふうに見えるのでしょうか。図37は、アトラスで2011年3月に測定されたデータの例です。このデータを最初に見た時、「おおっ、来たか」と小躍《こおど》りしました。

いい大人がそんなことではしゃいで……と思われるかもしれませんが、超対称性理論が証明されれば、宇宙誕生のその時まで理解が進むかもしれない、スゴイことなのです。

非常に高いエネルギーのジェットがいくつもあり、消失した見えないエネルギーの痕跡のような事象が見られるのが超対称性粒子の特徴です。図37の場合は、高いエネルギーのジェットが見えています。背後にはダークマターがあるはずですが、ダークですからニュートリノと同じように通り抜けてしまって検出されないのです。

2011年の5月頃でしたが、このような超対称性の特徴が見られるデータが続けて数発観測されてきたので「これは行けるかもしれない」と浮き足だって、毎晩ニヤニヤしながら新しいデータを見ていました。しかし、データが増えても候補の数はそれ以上は増えず、結果的にはバックグラウンドと区別できるデータにはなりませんでした。

ヒッグスの統計のところでお話ししましたが、量子力学が支配している世界では、いろいろなことが確率で起きます。だから、それらを観測するためには、データをたくさん取って、確実と言えるまで研究しなければならないのです。

さて、素粒子のスピンに話を戻しますが、スピンというのは角運動量と同じ性質です。フィギュアスケートのスピンを考えればよいのですが、手を体にくっつけて回る時よりも横に伸ばして回る時の方が回転速度が遅くなります。

もっとも、スピンの説明のところに素粒子がグルグル回っている絵が描かれている本がありますが、あれはウソです。素粒子には大きさがありませんから、大きさがないものが回っても角運動量はできません。ただ、そういう素粒子固有の性質にもかかわらず、角運動量と同じような振る舞いをしているわけです。今でもスピンの起源はわかりませんが、時空の性質と結びついたものだと考えられています。

素粒子には物質を形作っている素粒子と力を伝えているゲージ粒子の2種類あると言いましたが、これとは別の分類の仕方で、素粒子は2種類に分けられます。それが、フェルミ粒子とボーズ粒子です。

スピンが2分の1なので、グルッと一周して360度回るとプラスとマイナスが逆になり、2周して720度回って初めて元の状態に戻るのがフェルミ粒子（フェルミオン）です。物質を形作っているクォークはフェルミ粒子です。これに対し、360度一周して元に戻る素粒子がボーズ粒子（ボソン）と呼ばれる粒子で、光とかヒッグス粒子などがボーズ粒子です。

フェルミ粒子は一周するとプラスとマイナスが逆になるので、加えると必ずゼロになります。同じ状態に入ることはないわけです。これが、「パウリの排他律」と呼ばれるものです。簡単に言えば、原子核の周りの電子には席のようなものがあって、どのように座るかのルールが粒子によって異なるということです。

温度が高くても低くても関係なく、ひとつの状態にはひとつの素粒子しか入らないというのがフェルミ粒子の特徴です。だから、原子核の周りの一番内側の軌道に電子は2個しか入りません。こうやって、軌道に入る電子配列が決まっているために物質世界の秩序が安定し、化学が成り立つのです。

一方、ボーズ粒子は符号が同じなので同じ状態に入ることができ、どの状態にも入ることができます。だから、エネルギーが一番低い絶対0度の状態に全部の粒子がたまると、超流動とか超伝導とかいった状態になるわけで、温度が上がるとエネルギーが高いところにボーズ粒子が入る割合が増えていきます。

統計性で見ると、物質を形作っている素粒子はスピン2分の1で、フェルミ粒子です。力を伝えている素粒子はスピン1で、ボーズ粒子になっています。

こういう区別があるから、多様で豊かな世界ができているのですが、その反面、いろいろな問題も生じてくる。それで、思い切って両者の区別を失くしてしまおうというのが、超対称性のアイデアです。

超対称性粒子にはどのようなものがあるか

図38の上段が、通常の素粒子の標準モデルです。物質を形作っているクォーク6種

図 38　超対称性粒子

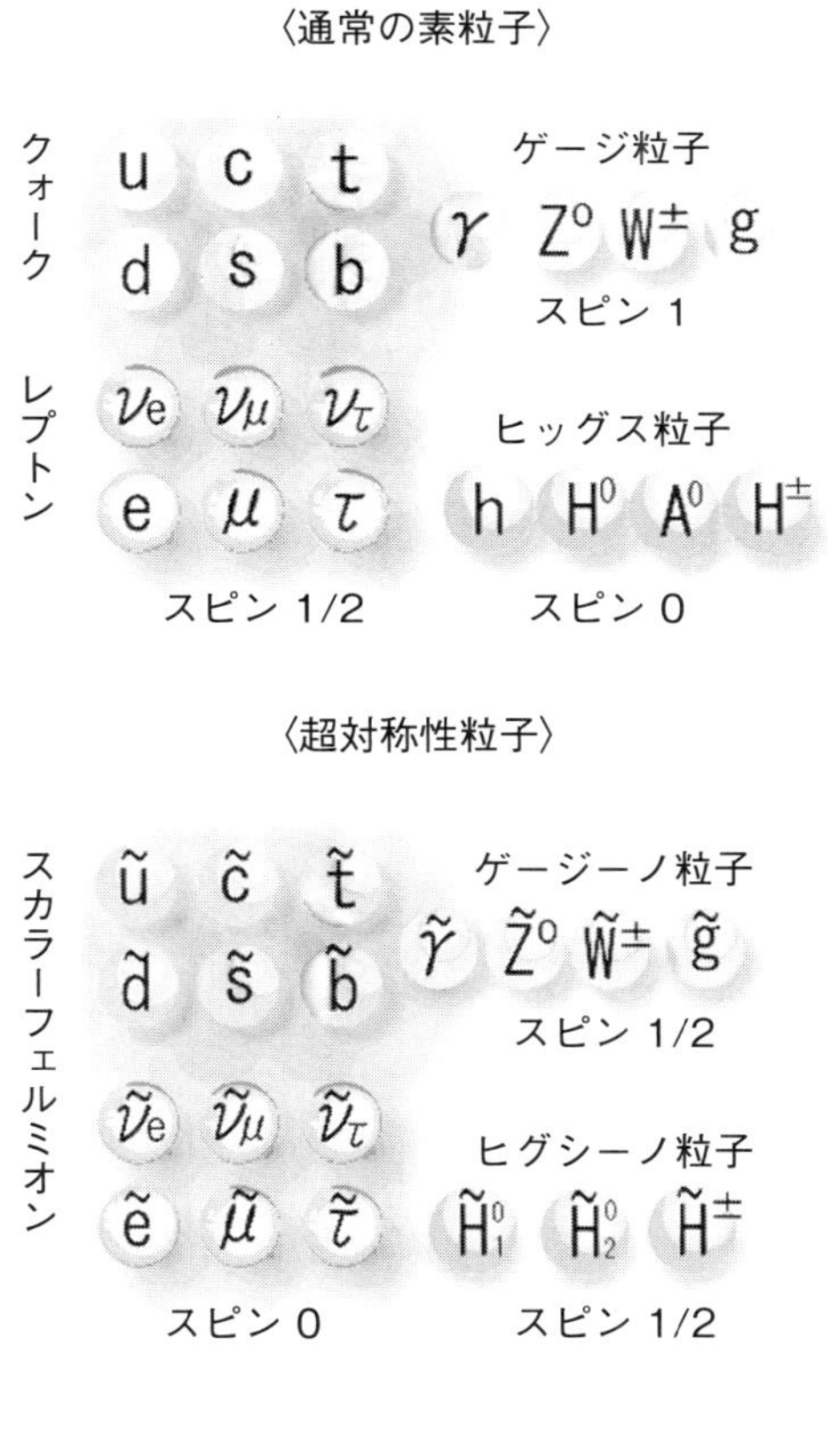
〈通常の素粒子〉
クォーク
u c t
d s b
ゲージ粒子
γ Z⁰ W± g
スピン 1
レプトン
νe νμ ντ
e μ τ
ヒッグス粒子
h H⁰ A⁰ H±
スピン 1/2
スピン 0
〈超対称性粒子〉
スカラーフェルミオン
ũ c̃ t̃
d̃ s̃ b̃
ゲージーノ粒子
γ̃ Z̃⁰ W̃± g̃
スピン 1/2
ν̃e ν̃μ ν̃τ
ẽ μ̃ τ̃
ヒグシーノ粒子
H̃⁰₁ H̃⁰₂ H̃±
スピン 0
スピン 1/2

類とレプトン6種類、4つの力を伝えているゲージ粒子が5種類（W±を2種類と数える）、それにヒッグス粒子5種類（H±を2種類と数える）で構成されています。ヒッグス粒子は、標準モデルの時には1種類でよかったのですが、超対称性理論では5種類になっています。

一方、図38の下段が、超対称性粒子のモデルです。通常の素粒子でスピン2分の1のクォークやレプトンに対応している超対称性粒子が、スピン0のスカラーフェルミオン（スフェルミオン）です。通常の素粒子でスピン1のゲージ粒子に対応している超対称性粒子が、スピン2分の1のゲージーノ粒子です。通常の素粒子でスピン0と思われるヒッグス粒子に対応している超対称性粒子が、スピン2分の1のヒグシーノ粒子です。いささか芸のないネーミングですが、このように通常の素粒子とスピンがちょうど2分の1だけずれた世界を考えているわけです。

超対称性粒子はまだ見つかっていないですが、通常の素粒子より少しだけ重く、LHCで見えるくらいの重さだと考えられています。だから、LHCで超対称性粒子が見つかるかどうか、注目されているわけです。

そもそも対称性とは何かと言えば、「どの方向も特別ではない」ということです。そして、超対称性の超は、若い人たちが使う「ちょー」に近いです。

なぜ、「ちょー」対称性かというと、ふたつの空間を「またがる対称性」だからです。ふたつの空間とは、外部空間と内部空間です。

外部空間というのはいわゆる時空のことで、外部空間での対称性が「ローレンツ対称性」と呼ばれるものです。

空間や時間の並進対称性が、エネルギー・運動量保存則を生み、空間の等方対称性が角運動量の保存則を生んでいます。時空という容れ物の持っている対称性によって、私たちが知っているいろいろな性質が出てきます。

もうひとつの内部空間は、量子力学が対象としている空間で、内部空間での対称性が素粒子固有の性質に関係した対称性です。

量子力学の本質は、粒子であると同時に波であることですが、波は三角関数のサイン・コサインで、θ（シータ）に当たる角度の部分があるわけです。このθを定義するために軸を考えるわけですが、その軸に対応しているのが内部空間と言われているものです。このθを自由に扱っていいという性質が「ゲージ対称性」と呼ばれているもので、ここから4つの力（重力・電磁気力・強い力・弱い力）が導かれます。

ところが、外部空間と内部空間は、これまでまったく関係ないものと考えられていました。だから、いつまで経っても、外部空間の物理である一般相対性理論と内部空間の物理である量子力学が結びつかなかったのです。当然ですが、新しい物理学は生まれませんでした。

スピンという素粒子の性質は内部空間に関係しているものですが、先ほども述べたように、私たちがよく知っている外部空間での角運動量と同じ振る舞いをします。したがって、スピンに関する物理は、内部空間と外部空間を結びつけるのです。スピンを2分の1ずらすというのは非常に人為的（アーティフィシャル）ではありますが、超対称性というのはスピン2分の1の素粒子とスピン1の素粒子を対応づけることによって、外部空間と内部空間を関係づける初めての対称性であるから「超」スゴイのです。

外部空間の物理である一般相対性理論と内部空間の物理である量子力学を結びつけ

るわけですから、量子重力は必ず超対称性を持っていないといけません。そうでないと、このふたつが関係づけられないからです。だから、超重力理論はかならず「ちょー」がつきます。そして、超対称性は一般相対性理論と量子力学を結びつけることができる唯一の性質なのです。

すべての力は「ひとつ」だった――大統一理論

新しい対称性を導入して、見つかってもいないのに粒子の数を倍にするなんてナンセンスだ、そこまでして得られる「ご利益《りやく》」はあるのか？　と思う人もいるかもしれませんが、実は物理学の歴史を振り返ると同じことをやってきています。

20世紀物理学のふたつの奇跡が、相対性理論と量子力学です。このふたつを両立させるために、時間の対称性（特殊相対論）が必要になりました。時間が一方向に進んでいると考えるのではなく、反対方向に進んでもいいと考える。つまり時間の対称性を考えることで、前に述べた反粒子のアイデアが出てきました。

イギリスの理論物理学者ディラックが予言したものですが、１９３２年にアンダーソンが宇宙線の中から陽電子を見つけたことによって、反粒子の存在が実証されたのです。超対称性粒子の導入も、時間の対称性と同じ発想なのです。

超対称性粒子が数ＴｅＶ付近にあると、重力を除く３つの力がひとつだったことが証明できます。これが、「大統一理論」です。図39はＬＥＰなどの実験データから、３つの力の強さを計算したもので、縦軸の上に行くほど力が弱く、下に行くほど力が強くなります。

このデータからわかるように、実は弱い力の方が電磁気力より強いのです。にもかかわらず、弱い力がなぜ〝弱い〟かというと、弱い相互作用を媒介するＺ粒子やＷ粒子が重いからです。だから、弱い相互作用というのは誤解を招く表現で、本当は「重い相互作用」と言うべきです。

超対称性粒子などという、目に見えないものを予言できるのか不思議に思うかもしれませんが、実はこれまでの素粒子も、そうやって予言されてきたものです。

たとえば、トップクォークのケースがあります。

トップクォークは１９９４年にアメリカのフェルミ国立加速器研究所のテバトロン

図 39　大統一理論と超対称性粒子

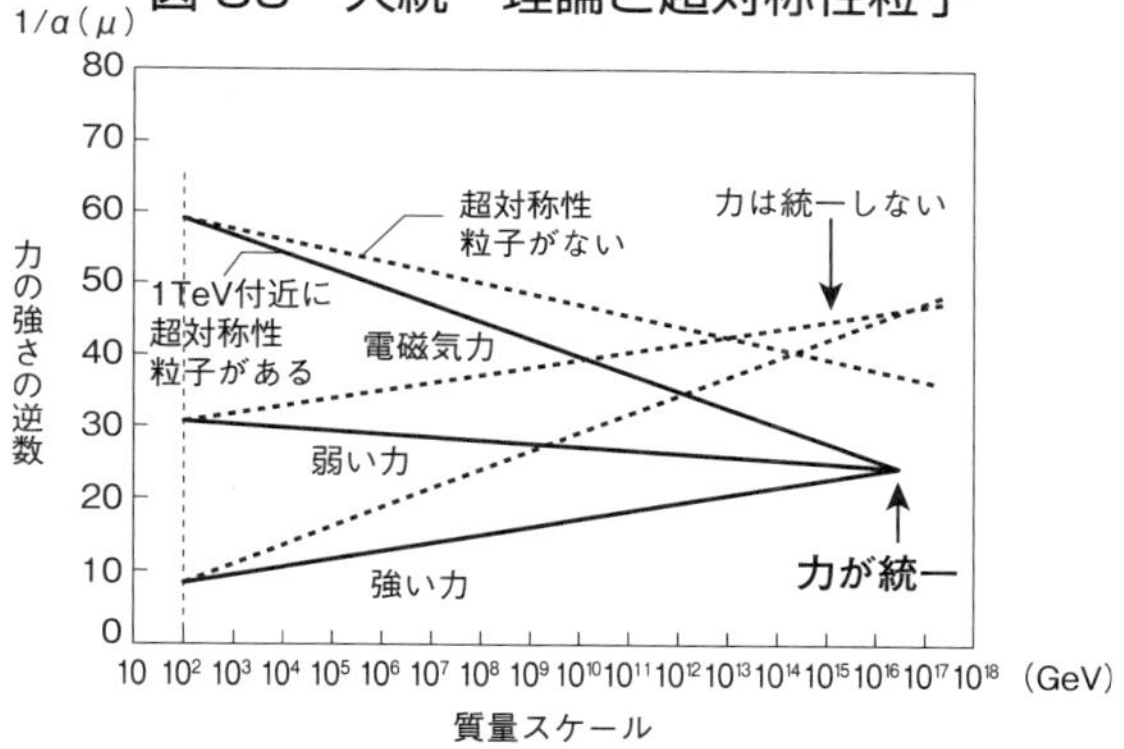

実験から超対称性粒子が存在すれば、電磁気力・強い力・弱い力が統一し、大統一理論が成り立つことが分かっている。

という大型加速器を使った実験で見つかったのですが、実はその前に、私たちがやっていたLEPの実験で間接的にわかっていました。LEPでは、Z粒子の性質について詳しく調べたのですが、Z粒子が非常に短い時間、仮想的にトップクォークに壊れます。もちろん、ウソの状態なので、すぐに元のZ粒子に戻りますが、その影響が少し残ります。

トップクォークはまだ発見されていませんでしたが、Z粒子を精密に測定することでその影響を調べ、トップクォークの質量が170±20GeVであることを予言したのです。トップクォークは実際に発見され、その質量は173±3GeVと、まさにドンピシャの値だったことがわかりました。このように正確に測ることで高いエネルギーのことが予想できます。それも量子力学の「ウソ」が効いているからです。

この超対称性粒子がなかったとすると、図39の破線のように高いエネルギーの時に3つの力がひとつになることはありません。だから、3つの力がもともとひとつだったというアイデア自体がダメになります。

ところが、超対称性粒子が存在したとすると、3つの力がひとつになる可能性があるわけです。これは物理学にとって画期的なことです。というのも、物理学とは物質や力を統一的に理解する学問であり、統一の試みが物理学の歴史そのものであるからです。

図40にあるように、たとえば、電気と磁気の力を統一したのがイギリスの物理学者ジェームズ・マクスウェルです。マクスウェル方程式と呼ばれる電磁場の基礎方程式から、電磁波の速度が光の速度と等しいことや、それが横波であることを示し、光の電磁理論の基礎を築きました。

図 40　物理学は「統一」の歴史

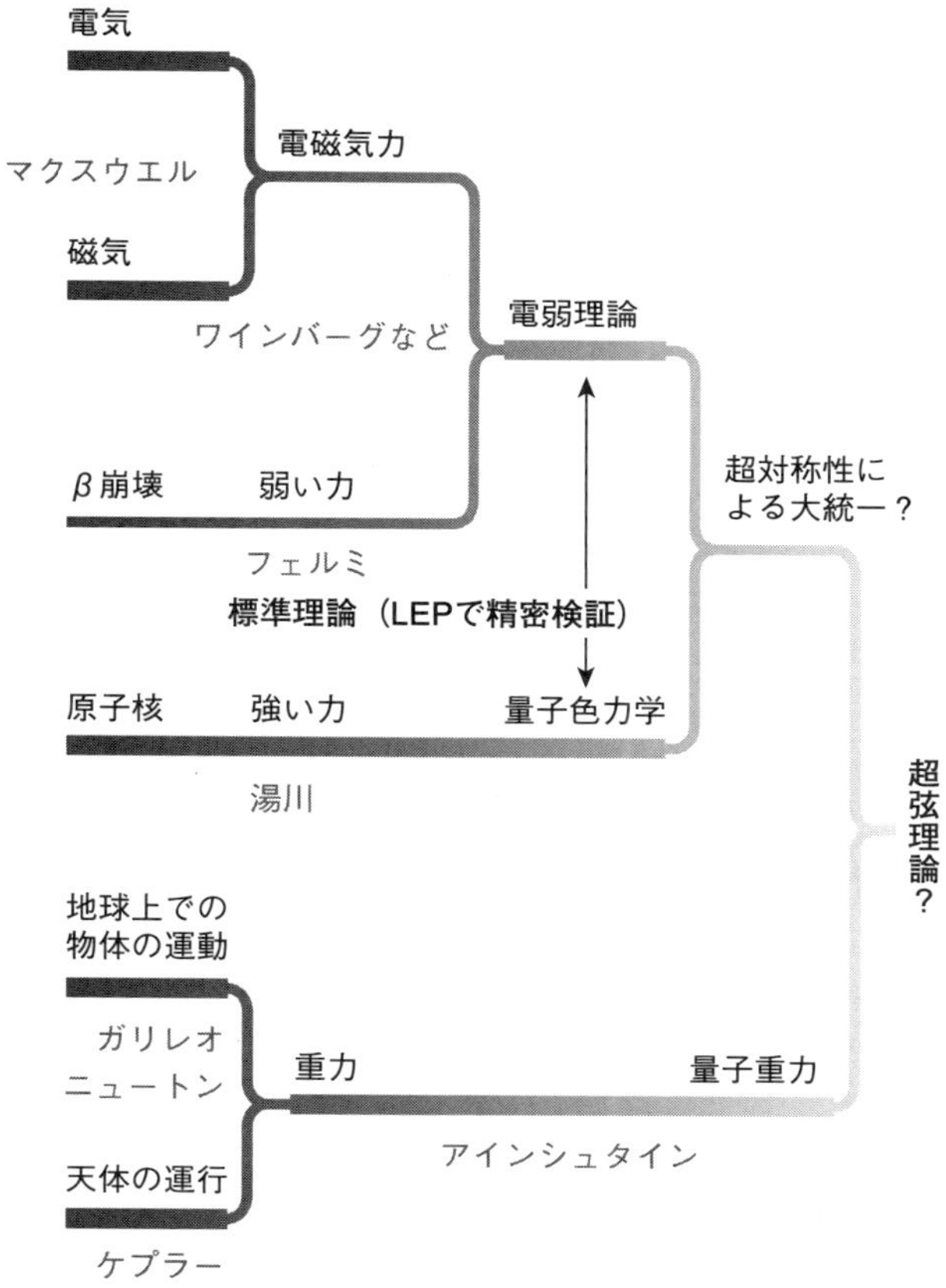
電気
電磁気力
マクスウエル
磁気
ワインバーグなど
電弱理論
β崩壊
弱い力
超対称性に
よる大統一？
フェルミ
標準理論（LEPで精密検証）
原子核
強い力
量子色力学
湯川
超弦理論？
地球上での
物体の運動
ガリレオ
ニュートン
重力
量子重力
天体の運行
アインシュタイン
ケプラー

それから、電磁気力と弱い力を統一する理論を打ち立てたのが、アメリカの理論物理学者であるスティーブン・ワインバーグとシェルドン・グラショー、それにパキスタンの物理学者アブドゥス・サラムによる電弱統一理論です。この業績により、3人は1979年にノーベル物理学賞を受賞しています。

あるいは、16世紀から17世紀にかけて、イタリアの物理学者ガリレオ・ガリレイがピサの斜塔から羽や鉄を落として地上での物体の運動を研究しましたが、同じ時代にドイツの天文学者だったヨハネス・ケプラーが天体の運行を研究し、ケプラーの法則を提唱しました。そういう知見をふまえ、イギリスの自然哲学者アイザック・ニュートンが、リンゴが木から落ちるのを見て、万有引力として統一したわけです。

図40の樹形図でいうと、私たちは今、LHCの実験によって電弱力と強い力の大統一に挑んでいるわけで、超対称性粒子が見つかるというのはとんでもなくすごいことなのです。

ヒッグス粒子についても、超対称性があると仮定すれば、質量が130GeV以下になるので、今回の結果に当てはまります。

図41　渦巻き銀河

NASA, ESA, and the Hubble Heritage (STScI/AURA) -ESA/Hubble Collaboration

　また、これまでのＬＨＣによる探索の結果、クォークやグルーオンのパートナーとなる超対称性粒子は１ＴｅＶより重いことがわかっています。ＬＨＣは２０１４年からエネルギーを14ＴｅＶまで上げて運用される予定で、そうすると約３ＴｅＶの重さの粒子まで発見することが可能になり、さらに可能性が高まります。

暗黒物質の最有力候補

　超対称性物質は、暗黒物質（ダークマター）の最有力候補にもなっています。

　図41は渦巻き銀河ですが、外側にいっても一定の速度で回りつづけています。暗黒

図42　弾丸銀河団

銀河団が衝突した様子をハッブル望遠鏡が捉えたところ

Credit: X-ray: NASA/CXC/M.Markevitch et al. Optical: NASA/STScI; Magellan/U. Arizona/D.Clowe et al. Lensing Map: NASA/STScI; ESO WFI; Magellan/U.Arizona/D.Clowe et al.

物質がなければ端《はし》へいくほど速度が遅くなるはずなのに、それが一定の速度だということは、私たちが見えないところで、見えているところの10倍ぐらいの距離まで暗黒物質が詰まっているのではないかと考えられます。

このことは1930年代から言われていたのですが、最近の観測例のひとつにハッブル宇宙望遠鏡が捉えた図42の写真があります。ハッブルはNASA（アメリカ航空宇宙局）やESA（欧州宇宙機関）が共同開発したもので、地上600キロメートルの周回軌道を回っている宇宙望遠鏡です。

銀河団が衝突したところ（「弾丸銀河団」

と呼ばれ、地球から38億光年の距離にある）で、暗黒物質があることの直接的な証拠になった写真です。銀河団がすれ違った時、銀河内の水素ガスはぶつかります。中央の白い部分は、水素ガスがぶつかってプラズマ状態になり、熱くなっている状態を示したもので、X線で調べたものです。

星のように光っているのは一個一個が銀河です。銀河は個別に運動をしていて、速く動くとバラけてしまいます。銀河団という塊《かたまり》であるためには、それだけの質量の物質があって、強い重力がなければなりません。だから、一個一個の銀河のスピードが速いということは、非常に重い銀河団であるということを示しています。そうでなければ、そもそも銀河団として成立しないのです。

したがって、個々の銀河のスピードを測定すれば、銀河団全体でどのくらいの質量がなければならないか計算できるわけです。その計算から見えないところまでを可視化したのが白い部分の周りのぼやけた部分です。銀河団どうしがすれ違うと、この部分はこのままスーッとすれ違い、何の反応もありません。そのことが、この部分が暗黒物質であることの証明になるわけです。

実際に今、宇宙の96%はわからないものでできていて、暗黒物質とかダークエネルギーとか呼ばれていますが、その暗黒物質の最有力候補が超対称性粒子だと考えられています。

通常の光とZ粒子のパートナーになっている超対称性粒子ゲージーノ2個と、ヒッグス粒子のパートナーになっている超対称性粒子ヒグシーノ2個の4つが、ゴチャゴチャに混ざっているのがおそらく暗黒物質だと考えられます。これらは、ニュートリノと同じ性質を持っていて、弱い相互作用以外の反応をしません。

暗黒物質の候補として、グラビティーノという超対称性粒子もあります。グラビトン（重力子）のパートナーになっている超対称性粒子です。グラビトンも見つかっていないのに超対称性粒子を予言していいのかと言われるかもしれませんが、グラビティーノも候補のひとつになっていて、さらなる研究が待たれます。

この世は全部で10次元ある？——余剰次元

もうひとつの可能性が、余剰次元（エクストラ・ディメンション）です。

私たちは通常、３次元プラス１次元（時間）の４次元の世界に生きていると思っていますが、実はこの世界にはもっと次元があるのではないかと考えるのが、このアイデアです。

なぜ、そんなアイデアが必要なのか？

それは、なぜ重力がこんなにも弱いのかを考えていくと、どうしても余剰次元というアイデアに行き着いてしまうからです。

手に持った物を離すと落ちるので、私たちは、重力が非常に強いように感じますが、それは重力の相手が6×10の24乗キログラムもある地球というべらぼうに重い物体だからです。

しかし、たとえば１００円ショップで買ってきた安い磁石を、床の上に落ちているクリップに近づけるとピッとくっつけることができます。地球のような巨大な星を相手に、１００円ショップで買ってこられる弱い磁石ですら勝ってしまうほど、重力は〝弱い〟力なのです。

こんなに〝弱い〟のはおかしい、そこで、重力は本来もっと〝強い〟力であると考えるのです。「重力は実は弱くない。たまたま弱いように見えているだけだ」と考えます。

私たちは3次元プラス1次元（時間）の時空で生きていますが、実は4つの次元の他にも余剰次元があると考えると、この説明がつくのです。

ひも（弦《げん》）理論で考えると、スピン1やスピン2分の1、スピン0の素粒子はひもで、端があります。端があるひもはどこかにくっついていなければいけないので、普通の素粒子は3次元の膜に張りついているのです。この膜を、ブレーンと言います（図43上）。

だから私たちは、この膜に張りついた人生を送っているわけです。ところが、スピン2の重力子だけは輪っかになっていて端がないですから、全空間を自由にフラフラと行ったり来たりできます。

私たちは膜に張りついているので、3次元プラス1次元しか認識できませんが、重力子は私たちの知らない余剰次元も含めて自由に行き来しているのです。たまたま重力がこの膜を横切った時だけ、私たちは重力を感じることができると考えるわけで

図 43　余剰次元（エクストラ・ディメンション）

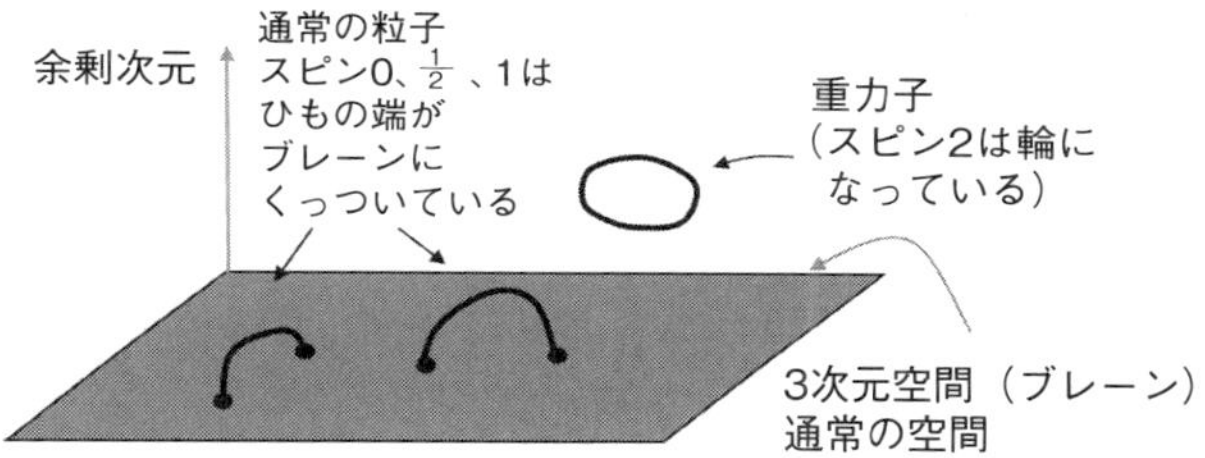

私たちは3次元空間というブレーン（膜）に張りついているが、この世界にはもっと次元がある。しかし、他の次元はちいさくまとまっていて私たちには見ることができない。重力子だけは輪になっているので、他の次元と行き来できる。

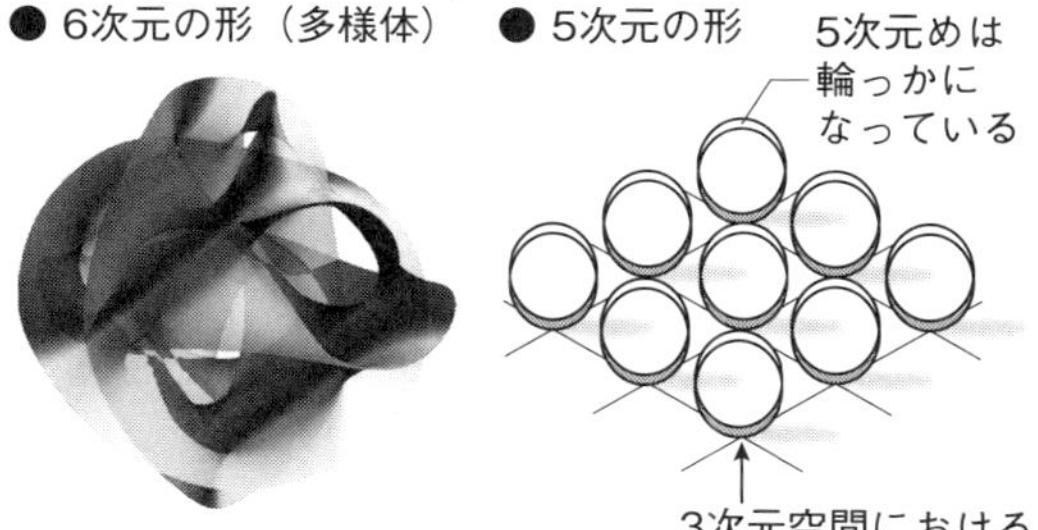

提供　立川裕二先生（東京大学）

す。この「たまたま効果」によって、結果として重力が弱くなったように見えるというのが、余剰次元の考え方です。

そう言われても「おいおい、オレは余剰次元なんて見たことがないぞ。いったい、どこにあるんだ?」という疑問が出るでしょう。

実は「コンパクティフィケーション」といって、余剰次元はおそらく時空の各点で非常に小さくまとまっているために、私たちが見ることができていないと考えられます。

この世の中に10次元あったとすると、そのうち4次元については私たちは知っていますが、残りの6次元については小さくて見えないため、知らないというわけです。

図43右下のように、この世の中が5次元でできていると、見えない5次元めは輪っかになっていますし、世の中が6次元でできていると、図43左下のような不思議な形、数学で言う「多様体」というものになっています。これらの大きさが小さいため、私たちは感じることができませんが、重力子は自由に行き来できるのです。

どのくらい小さくなっているのかはわかりませんが、10のマイナス19乗メートルぐらいのスケールである可能性があります。そして、このスケールであれば、LHCで直接見ることができる大きさなのです。

LHCでできたブラックホールは地球を飲み込むか

LHCのように高いエネルギーで陽子と陽子をぶつけると、輪っかのような構造が見えてくるかもしれない。構造が見えてくると、他の次元の効果も見え、この距離まで近づくと、〝弱く〟見えている重力も他の素粒子の力と同じくらい〝強く〟なってくる。

重力が強いのがブラックホールのできるメカニズムです。たとえば陽子どうしがぶつかる際に、陽子の中のクォークが反対からきた陽子の中のクォークと非常に近い距離になる――「シュヴァルツシルト半径」より小さい――と、吸い込まれてブラックホールができます。

シュヴァルツシルト半径とは、ドイツの天文学者カール・シュヴァルツシルトが発見したもので、非常に小さく重い星の中心からある半径の球面内では曲率が無限大になり、光が出てこられないほど曲がった時空が出現するとされます。すなわち、ブラックホールの地平線の大きさだと思ってください。

ＬＨＣでミニブラックホールを生成できる可能性についての研究は、私たちのグループが２００３年に世界に先駆けて行ないました。実は、余剰次元の大きさが10のマイナス19乗メートルくらいの小さなブラックホールであれば、ＬＨＣでも人為的に作ることが可能なのです。

このように書くと、ＬＨＣでブラックホールが生まれたら、地球が飲み込まれる大事故が起こるのではないかと言う方もいると思います。

実際、２００８年頃、地球がブラックホールに吸い込まれている映像がインターネットで流れて騒ぎになったことがあります。ウソか本当かは定かでありませんが、ＬＨＣの実験で地球がブラックホールに飲み込まれてしまうことを危惧《きぐ》して、インドの女性が自殺したという記事が新聞に出ていました。

さらには、「危ないじゃないか。ブラックホールを作るなんてとんでもない」と言って、ハワイではＬＨＣの運用禁止の仮処分命令を出すように裁判所に求めた訴訟が本当に起こされましたが、これこそがまさに杞憂《きゆう》です。中国の「列子《れっし》（天瑞）」にある「杞の国に、人の天地崩墜し、身寄《みよ》する所《ところ》亡《な》きを憂《うれ》えて、寝食を廃する者有り」という故事ですが、心配しなくても大丈夫です。

安全な理由は大きくふたつあります。

ひとつめは、ブラックホールができても、すぐに蒸発してしまうことです。ブラックホールができるとすぐに「ホーキング輻射《ふくしゃ》」が起こります。

これは、ＡＬＳ（筋委縮性側索硬化症）という難病と闘いながら、ブラックホールの研究を続けているイギリスの理論物理学者スティーブン・ホーキングが提唱したもので、ブラックホールから出る熱的な放射のことです。

ブラックホールに吸い込まれると、光さえも出てこられないというのは古典的な物理学の捉え方で、量子力学で考えると、ブラックホールの境界付近でも粒子と反粒子が絶えず、生成消滅を繰り返しています。

境界付近で粒子と反粒子が現われた時、片方の粒子がそばにある重力場に入ってしまうと戻ってこられなくなります。粒子と反粒子に分かれた状態は量子力学的なウソですから、戻ろうとします。しかし、重力に引っぱられて戻れずに片方がブラックホールに落ちてしまいます。すると残された片方のエネルギーだけが観測される。それがホーキング輻射です。

この粒子と反粒子の生成は、ブラックホールのエネルギーを使って行なわれていますから、しだいにブラックホールのエネルギーはなくなって、「蒸発」してしまうのです。

LHCでできるような軽いミニブラックホールは、境界面の曲率が非常に大きいため、比較的にエネルギーの高い粒子が放出されます。10のマイナス27乗秒ぐらいの間に100GeVぐらいの粒子を多数出します。10の15乗度つまり100兆度くらいの温度があるので、ブラックホールはたくさんの粒子を出してあっという間になくなってしまうのです。

しかも、たとえブラックホールができたとしても、野球場を原子に見立てたとして0・01ミリ程度の大きさという非常に小さなものです。たまたま他の原子が近くに来たら吸い込まれますが、たまたま来る確率はほぼゼロですから、物を吸い込むことは不可能と言ってよいと思います。

すでに説明しましたが、物質はスカスカで、原子が野球場の大きさだとすると、原子核はピッチャーマウンドの上に置いた1円玉の大きさしかありません。その1円玉の1万分の1ぐらい、0・01ミリぐらいまで近づかないと重力は強い力になりません。

そこから少しでも離れたら、無視してもいいほどムチャクチャ弱い力になります。だから、そこにたまたま物が飛んでくる確率というのはきわめて小さく、LHCのように素粒子を集めてぶつけないかぎりは起きない事象です。

しかも、たとえブラックホールができたとしても、すでに述べたホーキング輻射によってすぐになくなりますので、二重の意味で安全です。

それから、LHCでできる可能性のあるミニブラックホールは、銀河の中心にあるブラックホールとはまったくレベルが異なるということです。

銀河のブラックホールは重力による現象で、目に見えるもの、すなわち私たちの住む3次元に現われたものです。一方、LHCのブラックホールは余剰次元の効果でできたものです。

銀河のブラックホールは、べらぼうな重さがあるために弱い重力の環境下でブラックホールになれた正統派です。だから、余剰次元の場合のように非常に近くまで行かなくても吸い込むことができるのです。温度も0・00001度と低く、ホーキング輻射もほとんど起こりません。

LHCで作られたものを銀河の現象と同じ「ブラックホール」と呼ぶから騒ぎになってしまったのですが、本質的にまったく違うものなので、地球を飲み込むなんてことは間違ってもありません。どうぞ安心してください。

宇宙誕生の瞬間へ——素粒子物理学の未来

私は子どもの頃から星が大好きで、はじめはただ上手に写真を撮ることにこだわっていました。そのうちに、星はなぜ光っているんだろう、宇宙はどうなっているんだろうと考えるようになりました。

今でも望遠鏡を担いで星の写真をよく撮りにいきます。30年前と違って、フィルムからデジタルカメラ（ＣＣＤ）になって、私のようなアマチュアでも遠くの天体が撮影できるようになりました。

遠い宇宙というのは、すなわち古い宇宙のことです。これまでお話ししてきたように、現在、この宇宙がどうやってできたのかがわかるかもしれないところまで、人類は来ています。

まず、宇宙の誕生に大きな役割を果たすのが真空です。インフレーションの元もたぶん真空が持つエネルギーで、ビッグバンの元もこれです。「真空」の研究が可能になったことは素粒子研究を通して、宇宙の成り立ちにぐっと近づいた証拠です。

また、「自発的対称性の破れ」がその鍵になる話をしましたが、この「自発的対称性の破れ」によって宇宙が進化してこのように多様になったり、質量が生まれて物質が形成されていったのです。

ＬＨＣで今回、ヒッグス粒子が同定されれば、その次のステージとして超対称性粒子か余剰次元か、どちらかが見えるはずです。今のところは、超対称性が有力だと思っていますが、超対称性粒子については、もしＬＨＣで見えなかったら、おそらくこのアイデアは捨てなければならないでしょう。

超対称性と余剰次元の両方が見えると、このふたつの理論の行き着く先がスーパーストリング（超弦理論）です。超弦理論を無矛盾に作ろうとすると、超対称性という性質も必要だし、同時に10次元とか11次元といった高次元も必要になります。ただし、超対称性粒子がＬＨＣで見えれば、10次元とか11次元がＬＨＣで見えるスケールである必要はありません。

両方が見えることは〝超〟ラッキーな運が必要ですけれど、もし見えた場合には、超対称性によって大統一された力と、余剰次元による量子重力を統一する「超統一理論」まで理論が一気に進む可能性もあります。

それは、宇宙の歴史で言うと、最初のインフレーションが起こるもっと前の段階にあたりますが、理論的にも全然整理できていません。まだ数学の域を出ておらず、正しいか間違っているかを検証することすらできない段階です。

いずれにしても、ＬＨＣでヒッグス粒子が見えるということは、おそらくそのすぐそばに超対称性粒子か、余剰次元が見えることの間接的な示唆になるわけです。

だから、ヒッグス粒子の発見が最終目標ではなくて、超対称性や余剰次元についての研究の幕開けになると思っています。その意味では、素粒子物理学の研究者として今、とてもエキサイティングな時代に巡り合えた幸せを噛みしめているのです。

２０１２年７月４日　記念すべき新粒子発見の発表

２０１２年７月４日、スイスのジュネーブで開かれたＣＥＲＮのセミナーで、アトラスグループとＣＭＳグループがこれまでの実験結果を発表しました。

まず、ＣＭＳグループの代表者であるカリフォルニア大学サンタバーバラ校のジョセフ・インカンデラが、１２５・３±０・６ＧｅＶ付近に新粒子が見つかり、その確度が４・９シグマであることを発表すると、会場から大きな拍手が送られました。

つづいて、アトラスグループ代表でＣＥＲＮのファビオラ・ジャノッティが登壇。１２６・５ＧｅＶ付近に新粒子が見つかり、その確度が５シグマ、つまり新粒子「発見」に至ったことを報告すると、詰めかけた研究者たちは総立ちで、しばらくの間、スタンディングオベーションが続きました。拍手と歓声で会場は異様な興奮に包まれ、さながらアカデミー賞の授賞式会場のようでした。

ファビオラは「私たちは126GeV付近の質量領域に、5シグマ程度の、顕著な新粒子の信号を観測しました。LHCとアトラス検出器の非常に優れた性能と多くの人の多大な労力により、このすばらしい結果が出ました」と述べました。

また、CERN所長のロルフ・ホイヤーは「自然を理解するうえで、われわれは新たな段階に入った。ヒッグス粒子と見られる新粒子の発見は、これから詳細な研究へと入る。たくさんのデータを蓄積し、新粒子の性質を精査することによって、宇宙の謎を解き明かすことができるかもしれない」というコメントを発表しました。

この日、東京・本郷にある東京大学理学部の小柴ホールでは、アトラス日本グループによる記者会見が開かれました。私は記者たちにブリーフィングをしていましたが、小柴ホールのスクリーンにCERNでの発表の模様が大画面で生中継され、現地での興奮がダイレクトに伝わってきました。

まだ、ヒッグス粒子発見と言うわけにはいきませんが、この日はヒッグス粒子と見られる新粒子の発見が発表された画期的な日となったのです。

ヒッグス粒子が発見されて何の役に立つのかと聞かれても即答できるわけではありませんが、われわれがなぜここにいるのか、という哲学的な課題を解明する一歩を踏み出したということがひとつです。

最初に発見された素粒子である電子を研究することでエレクトロニクスが発展しただけでなく、エックス線が医療に使われたり、重粒子がガン治療に使われたりして私たちの暮らしを豊かにしてきました。だから、ヒッグス粒子の発見も将来、私たちの生活や暮らしを変え、豊かにしないとは言えません。

私たち研究者はヒッグス粒子の発見という歴史的なイベントに立ち会えた幸せを噛みしめて、新たな物理学を切り拓くスタートを切りたいと決意を新たにしているところです。

おわりに

本書で述べたLHC実験は、今から29年前に準備が始まりました。日本からたった一人で参加し、準備を始めた小林富雄先生（東京大学素粒子物理国際研究センター教授）の苦労は、計り知れないものだったと思います。

また、近藤敬比古先生（KEK名誉教授）と徳宿克夫先生（KEK教授）は、小林先生と二人三脚で、日本の16大学・研究機関をまとめ、日本の大きな貢献を成し遂げました。今回の成果は、この3人の先生方の努力に尽きます。

さらに、日本から参加している研究機関に所属する多くの先生や学生さんの汗の結晶でもあります。本文にも述べましたが、多くの日本の企業の技術、文部科学省、東京大学など多くの関係者の方のサポートなくしてはこの成果は出すことができないものでした。

東京大学素粒子物理国際センターは、小柴昌俊先生（2003年ノーベル物理学賞受賞）が、世界のどこにあってもいいから、一番エネルギーの高い加速器を用いて研究をしようと作った組織です。私は、小柴先生、折戸周治先生、駒宮幸男先生、小林先生が敷いたエネルギーフロンティア研究の線路の上をただ走ってきただけで、たまたまこの場にいあわせたという幸運に恵まれました。田中純一さんを始め、素粒子センターには若くて元気な研究者や学生さんがたくさんいて、彼らの不眠不休の研究が実を結んだのだと改めて感じます。

２０１１年12月の１回目の記者会見の直後から熱心に出版をすすめていただき、企画からこの話を新書一冊にまとめるまでご辛抱強くおつきあいくださいました祥伝社の高田さんには、いろいろご迷惑をおかけしてしまいました。

最後に私事ですが、海外・国内出張でいつも留守にしています。小さな子供を育てながら働いている妻には迷惑をかけているなと思って感謝しています。

著者

切りとり線

★読者のみなさまにお願い

この本をお読みになって、どんな感想をお持ちでしょうか。祥伝社のホームページから書評をお送りいただけたら、ありがたく存じます。今後の企画の参考にさせていただきます。また、次ページの原稿用紙を切り取り、左記まで郵送していただいても結構です。

お寄せいただいた書評は、ご了解のうえ新聞・雑誌などを通じて紹介させていただくこともあります。採用の場合は、特製図書カードを差しあげます。

なお、ご記入いただいたお名前、ご住所、ご連絡先等は、書評紹介の事前了解、謝礼のお届け以外の目的で利用することはありません。また、それらの情報を6カ月を超えて保管することもありません。

〒101—8701（お手紙は郵便番号だけで届きます）
祥伝社新書編集部
電話03（3265）2310
祥伝社ホームページ　http://www.shodensha.co.jp/bookreview/

★本書の購買動機（新聞名か雑誌名、あるいは○をつけてください）

＿＿＿＿新聞の広告を見て	＿＿＿＿誌の広告を見て	＿＿＿＿新聞の書評を見て	＿＿＿＿誌の書評を見て	書店で見かけて	知人のすすめで

★100字書評……ヒッグス粒子の謎

名前

住所

年齢

職業

浅井祥仁　あさい・しょうじ

東京大学大学院理学系研究科物理学専攻准教授。1967年、石川県生まれ。1995年、東京大学理学系研究科物理学専攻博士課程修了。理学博士。素粒子物理国際研究センターの助教授などを経て、2007年より現職。ヒッグス粒子、超対称性粒子の探索を専門とし、CERN（欧州合同原子核研究機構）のLHCを用いたアトラス実験に参加する日本人グループの物理解析責任者として、スイスと日本を往復しながら研究を行なっている。

ヒッグス粒子《りゅうし》の謎《なぞ》

浅井祥仁《あさいしょうじ》

2012年9月10日　初版第1刷発行
2013年10月30日　第4刷発行

発行者……………竹内和芳
発行所……………祥伝社しょうでんしゃ
〒101-8701　東京都千代田区神田神保町3-3
電話　03(3265)2081(販売部)
電話　03(3265)2310(編集部)
電話　03(3265)3622(業務部)
ホームページ　http://www.shodensha.co.jp/

装丁者……………盛川和洋
印刷所……………萩原印刷
製本所……………ナショナル製本

Printed in Japan　ISBN978-4-396-11290-5　C0242